U0123797

十体电脑美术字字典

胡凤瑞 编

河南美术出版社

图书在版编目(CIP)数据

十体电脑美术字字典/胡凤瑞编.
-郑州：河南美术出版社，2000.9
ISBN 7-5401-0905-X

Ⅰ.十...
Ⅱ.胡...
Ⅲ.汉字-美术字-书法-字典
Ⅳ.J292.13-61
中国版本图书馆CIP数据核字(2000)第70543号

十体电脑美术字字典

胡凤瑞　编

责　编	张同标
出　版	河南美术出版社
	(450002 河南郑州农业路73号)
发　行	新华书店
制　版	河南省前景物资印刷有限公司
印　刷	河南省教委印刷厂印刷
版　次	2000年7月第1版
印　次	2000年7月第1次印刷
开　本	787X1092mm　1/16
印　张	18
印　数	0001-5000册
书　号	ISBN 7-5401-0905-X/J.791
定　价	24.00元

目 录

稚艺体	阿 啊 哀 唉 挨 矮 爱 碍
珊瑚体	阿 啊 哀 唉 挨 矮 爱 碍
精倩体	阿 啊 哀 唉 挨 矮 爱 碍
弹簧体	阿 啊 哀 唉 挨 矮 爱 碍
石头体	阿 啊 哀 唉 挨 矮 爱 碍
霹雳体	阿 啊 哀 唉 挨 矮 爱 碍
水管体	阿 啊 哀 唉 挨 矮 爱 碍
花瓣体	阿 啊 哀 唉 挨 矮 爱 碍
淹水体	阿 啊 哀 唉 挨 矮 爱 碍
粗宋体	阿 啊 哀 唉 挨 矮 爱 碍

稚艺体	安	岸	奥	八	巴	扒	吧	疤
珊瑚体	安	岸	奥	八	巴	扒	吧	疤
精倩体	安	岸	奥	八	巴	扒	吧	疤
弹簧体	安	岸	奥	八	巴	扒	吧	疤
石头体	安	岸	奥	八	巴	扒	吧	疤
霹雳体	安	岸	奥	八	巴	扒	吧	疤
水管体	安	岸	奥	八	巴	扒	吧	疤
花瓣体	安	岸	奥	八	巴	扒	吧	疤
淹水体	安	岸	奥	八	巴	扒	吧	疤
粗宋体	安	岸	奥	八	巴	扒	吧	疤

稚艺体	拔 把 坝 爸 罢 霸 白 百
珊瑚体	拔 把 坝 爸 罢 霸 白 百
精倩体	拔 把 坝 爸 罢 霸 白 百
弹簧体	拔 把 坝 爸 罢 霸 白 百
石头体	拔 把 坝 爸 罢 霸 白 百
霹雳体	拔 把 坝 爸 罢 霸 白 百
水管体	拔 把 坝 爸 罢 霸 白 百
花瓣体	拔 把 坝 爸 罢 霸 白 百
淹水体	拔 把 坝 爸 罢 霸 白 百
粗宋体	拔 把 坝 爸 罢 霸 白 百

稚艺体	柏	摆	败	拜	班	般	斑	搬
珊瑚体	柏	摆	败	拜	班	般	斑	搬
精倩体	柏	摆	败	拜	班	般	斑	搬
弹簧体	柏	摆	败	拜	班	般	斑	搬
石头体	柏	摆	败	拜	班	般	斑	搬
霹雳体	柏	摆	败	拜	班	般	斑	搬
水管体	柏	摆	败	拜	班	般	斑	搬
花瓣体	柏	摆	败	拜	班	般	斑	搬
淹水体	柏	摆	败	拜	班	般	斑	搬
粗宋体	柏	摆	败	拜	班	般	斑	搬

稚艺体	板版·办半伴扮拌瓣
珊瑚体	板版办半伴扮拌瓣
精倩体	板版办半伴扮拌瓣
弹簧体	板版办半伴扮拌瓣
石头体	板版办半伴扮拌瓣
霹雳体	板版办半伴扮拌瓣
水管体	板版办半伴扮拌瓣
花瓣体	板版办半伴扮拌瓣
淹水体	板版办半伴扮拌瓣
粗宋体	板版办半伴扮拌瓣

稚艺体	帮绑榜膀傍棒包胞
珊瑚体	帮绑榜膀傍棒包胞
精倩体	帮绑榜膀傍棒包胞
弹簧体	帮绑榜膀傍棒包胞
石头体	帮绑榜膀傍棒包胞
霹雳体	帮绑榜膀傍棒包胞
水管体	帮绑榜膀傍棒包胞
花瓣体	帮绑榜膀傍棒包胞
淹水体	帮绑榜膀傍棒包胞
粗宋体	帮绑榜膀傍棒包胞

稚艺体	雹宝饱保堡报抱暴
珊瑚体	雹宝饱保堡报抱暴
精倩体	雹宝饱保堡报抱暴
弹簧体	雹宝饱保堡报抱暴
石头体	雹宝饱保堡报抱暴
霹雳体	雹宝饱保堡报抱暴
水管体	雹宝饱保堡报抱暴
花瓣体	雹宝饱保堡报抱暴
淹水体	雹宝饱保堡报抱暴
粗宋体	雹宝饱保堡报抱暴

稚艺体	爆 悲 碑 北 贝 备 背 倍
珊瑚体	爆 悲 碑 北 贝 备 背 倍
精倩体	爆 悲 碑 北 贝 备 背 倍
弹簧体	爆 悲 碑 北 贝 备 背 倍
石头体	爆 悲 碑 北 贝 备 背 倍
霹雳体	爆 悲 碑 北 贝 备 背 倍
水管体	爆 悲 碑 北 贝 备 背 倍
花瓣体	爆 悲 碑 北 贝 备 背 倍
淹水体	爆 悲 碑 北 贝 备 背 倍
粗宋体	爆 悲 碑 北 贝 备 背 倍

稚艺体	被 辈 奔 本 笨 蹦 逼 鼻
珊瑚体	被 辈 奔 本 笨 蹦 逼 鼻
精倩体	被 辈 奔 本 笨 蹦 逼 鼻
弹簧体	被 辈 奔 本 笨 蹦 逼 鼻
石头体	被 辈 奔 本 笨 蹦 逼 鼻
霹雳体	被 辈 奔 本 笨 蹦 逼 鼻
水管体	被 辈 奔 本 笨 蹦 逼 鼻
花瓣体	被 辈 奔 本 笨 蹦 逼 鼻
淹水体	被 辈 奔 本 笨 蹦 逼 鼻
粗宋体	被 辈 奔 本 笨 蹦 逼 鼻

稚艺体	比彼笔鄙币必辟弊
珊瑚体	比彼笔鄙币必辟弊
精倩体	比彼笔鄙币必辟弊
弹簧体	比彼笔鄙币必辟弊
石头体	比彼笔鄙币必辟弊
霹雳体	比彼笔鄙币必辟弊
水管体	比彼笔鄙币必辟弊
花瓣体	比彼笔鄙币必辟弊
淹水体	比彼笔鄙币必辟弊
粗宋体	比彼笔鄙币必辟弊

稚艺体	碧	蔽	壁	避	臂	边	编	鞭
珊瑚体	碧	蔽	壁	避	臂	边	编	鞭
精倩体	碧	蔽	壁	避	臂	边	编	鞭
弹簧体	碧	蔽	壁	避	臂	边	编	鞭
石头体	碧	蔽	壁	避	臂	边	编	鞭
霹雳体	碧	蔽	壁	避	臂	边	编	鞭
水管体	碧	蔽	壁	避	臂	边	编	鞭
花瓣体	碧	蔽	壁	避	臂	边	编	鞭
淹水体	碧	蔽	壁	避	臂	边	编	鞭
粗宋体	碧	蔽	壁	避	臂	边	编	鞭

稚艺体	扁便变遍辨辩辫标
珊瑚体	扁便变遍辨辩辫标
精倩体	扁便变遍辨辩辫标
弹簧体	扁便变遍辨辩辫标
石头体	扁便变遍辨辩辫标
霹雳体	扁便变遍辨辩辫标
水管体	扁便变遍辨辩辫标
花瓣体	扁便变遍辨辩辫标
淹水体	扁便变遍辨辩辫标
粗宋体	扁便变遍辨辩辫标

稚艺体	表 别 宾 滨 冰 兵 丙 柄
珊瑚体	表 别 宾 滨 冰 兵 丙 柄
精倩体	表 别 宾 滨 冰 兵 丙 柄
弹簧体	表 别 宾 滨 冰 兵 丙 柄
石头体	表 别 宾 滨 冰 兵 丙 柄
霹雳体	表 别 宾 滨 冰 兵 丙 柄
水管体	表 别 宾 滨 冰 兵 丙 柄
花瓣体	表 别 宾 滨 冰 兵 丙 柄
淹水体	表 别 宾 滨 冰 兵 丙 柄
粗宋体	表 别 宾 滨 冰 兵 丙 柄

稚艺体	饼	并	病	拨	波	玻	剥	脖
珊瑚体	饼	并	病	拨	波	玻	剥	脖
精倩体	饼	并	病	拨	波	玻	剥	脖
弹簧体	饼	并	病	拨	波	玻	剥	脖
石头体	饼	并	病	拨	波	玻	剥	脖
霹雳体	饼	并	病	拨	波	玻	剥	脖
水管体	饼	并	病	拨	波	玻	剥	脖
花瓣体	饼	并	病	拨	波	玻	剥	脖
淹水体	饼	并	病	拨	波	玻	剥	脖
粗宋体	饼	并	病	拨	波	玻	剥	脖

稚艺体	菠播伯驳泊博搏膊
珊瑚体	菠播伯驳泊博搏膊
精倩体	菠播伯驳泊博搏膊
弹簧体	菠播伯驳泊博搏膊
石头体	菠播伯驳泊博搏膊
霹雳体	菠播伯驳泊博搏膊
水管体	菠播伯驳泊博搏膊
花瓣体	菠播伯驳泊博搏膊
淹水体	菠播伯驳泊博搏膊
粗宋体	菠播伯驳泊博搏膊

稚艺体	薄	卜	补	捕	不	布	步	怖
珊瑚体	薄	卜	补	捕	不	布	步	怖
精倩体	薄	卜	补	捕	不	布	步	怖
弹簧体	薄	卜	补	捕	不	布	步	怖
石头体	薄	卜	补	捕	不	布	步	怖
霹雳体	薄	卜	补	捕	不	布	步	怖
水管体	薄	卜	补	捕	不	布	步	怖
花瓣体	薄	卜	补	捕	不	布	步	怖
淹水体	薄	卜	补	捕	不	布	步	怖
粗宋体	薄	卜	补	捕	不	布	步	怖

稚艺体	部	擦	猜	才	材	财	裁	采
珊瑚体	部	擦	猜	才	材	财	裁	采
精倩体	部	擦	猜	才	材	财	裁	采
弹簧体	部	擦	猜	才	材	财	裁	采
石头体	部	擦	猜	才	材	财	裁	采
霹雳体	部	擦	猜	才	材	财	裁	采
水管体	部	擦	猜	才	材	财	裁	采
花瓣体	部	擦	猜	才	材	财	裁	采
淹水体	部	擦	猜	才	材	财	裁	采
粗宋体	部	擦	猜	才	材	财	裁	采

稚艺体	彩	睬	踩	菜	参	餐	残	蚕
珊瑚体	彩	睬	踩	菜	参	餐	残	蚕
精倩体	彩	睬	踩	菜	参	餐	残	蚕
弹簧体	彩	睬	踩	菜	参	餐	残	蚕
石头体	彩	睬	踩	菜	参	餐	残	蚕
霹雳体	彩	睬	踩	菜	参	餐	残	蚕
水管体	彩	睬	踩	菜	参	餐	残	蚕
花瓣体	彩	睬	踩	菜	参	餐	残	蚕
淹水体	彩	睬	踩	菜	参	餐	残	蚕
粗宋体	彩	睬	踩	菜	参	餐	残	蚕

稚艺体	惭惨灿仓苍舱藏操
珊瑚体	惭惨灿仓苍舱藏操
精倩体	惭惨灿仓苍舱藏操
弹簧体	惭惨灿仓苍舱藏操
石头体	惭惨灿仓苍舱藏操
霹雳体	惭惨灿仓苍舱藏操
水管体	惭惨灿仓苍舱藏操
花瓣体	惭惨灿仓苍舱藏操
淹水体	惭惨灿仓苍舱藏操
粗宋体	惭惨灿仓苍舱藏操

稚艺体	槽草册侧厕测策层
珊瑚体	槽草册侧厕测策层
精倩体	槽草册侧厕测策层
弹簧体	槽草册侧厕测策层
石头体	槽草册侧厕测策层
霹雳体	槽草册侧厕测策层
水管体	槽草册侧厕测策层
花瓣体	槽草册侧厕测策层
淹水体	槽草册侧厕测策层
粗宋体	槽草册侧厕测策层

稚艺体	叉插查茶察岔差拆
珊瑚体	叉插查茶察岔差拆
精倩体	叉插查茶察岔差拆
弹簧体	叉插查茶察岔差拆
石头体	叉插查茶察岔差拆
霹雳体	叉插查茶察岔差拆
水管体	叉插查茶察岔差拆
花瓣体	叉插查茶察岔差拆
淹水体	叉插查茶察岔差拆
粗宋体	叉插查茶察岔差拆

稚艺体	柴 馋 缠 产 铲 颤 昌 长
珊瑚体	柴 馋 缠 产 铲 颤 昌 长
精倩体	柴 馋 缠 产 铲 颤 昌 长
弹簧体	柴 馋 缠 产 铲 颤 昌 长
石头体	柴 馋 缠 产 铲 颤 昌 长
霹雳体	柴 馋 缠 产 铲 颤 昌 长
水管体	柴 馋 缠 产 铲 颤 昌 长
花瓣体	柴 馋 缠 产 铲 颤 昌 长
淹水体	柴 馋 缠 产 铲 颤 昌 长
粗宋体	柴 馋 缠 产 铲 颤 昌 长

稚艺体	肠敞畅倡唱抄·钞·超
珊瑚体	肠敞畅倡唱抄钞超
精倩体	肠敞畅倡唱抄钞超
弹簧体	肠敞畅倡唱抄钞超
石头体	肠敞畅倡唱抄钞超
霹雳体	肠敞畅倡唱抄钞超
水管体	肠敞畅倡唱抄钞超
花瓣体	肠敞畅倡唱抄钞超
淹水体	肠敞畅倡唱抄钞超
粗宋体	肠敞畅倡唱抄钞超

稚艺体	朝潮吵炒车臣沉辰
珊瑚体	朝潮吵炒车臣沉辰
精倩体	朝潮吵炒车臣沉辰
弹簧体	朝潮吵炒车臣沉辰
石头体	朝潮吵炒车臣沉辰
霹雳体	朝潮吵炒车臣沉辰
水管体	朝潮吵炒车臣沉辰
花瓣体	朝潮吵炒车臣沉辰
淹水体	朝潮吵炒车臣沉辰
粗宋体	朝潮吵炒车臣沉辰

稚艺体	陈晨闯衬称趁撑成
珊瑚体	陈晨闯衬称趁撑成
精倩体	陈晨闯衬称趁撑成
弹簧体	陈晨闯衬称趁撑成
石头体	陈晨闯衬称趁撑成
霹雳体	陈晨闯衬称趁撑成
水管体	陈晨闯衬称趁撑成
花瓣体	陈晨闯衬称趁撑成
淹水体	陈晨闯衬称趁撑成
粗宋体	陈晨闯衬称趁撑成

稚艺体	呈	承	诚	城	乘	惩	程	秤
珊瑚体	呈	承	诚	城	乘	惩	程	秤
精倩体	呈	承	诚	城	乘	惩	程	秤
弹簧体	呈	承	诚	城	乘	惩	程	秤
石头体	呈	承	诚	城	乘	惩	程	秤
霹雳体	呈	承	诚	城	乘	惩	程	秤
水管体	呈	承	诚	城	乘	惩	程	秤
花瓣体	呈	承	诚	城	乘	惩	程	秤
淹水体	呈	承	诚	城	乘	惩	程	秤
粗宋体	呈	承	诚	城	乘	惩	程	秤

稚艺体	吃池驰迟持匙尺齿
珊瑚体	吃池驰迟持匙尺齿
精倩体	吃池驰迟持匙尺齿
弹簧体	吃池驰迟持匙尺齿
石头体	吃池驰迟持匙尺齿
霹雳体	吃池驰迟持匙尺齿
水管体	吃池驰迟持匙尺齿
花瓣体	吃池驰迟持匙尺齿
淹水体	吃池驰迟持匙尺齿
粗宋体	吃池驰迟持匙尺齿

稚艺体	耻	斥	赤	翅	充	冲	虫	崇
珊瑚体	耻	斥	赤	翅	充	冲	虫	崇
精倩体	耻	斥	赤	翅	充	冲	虫	崇
弹簧体	耻	斥	赤	翅	充	冲	虫	崇
石头体	耻	斥	赤	翅	充	冲	虫	崇
霹雳体	耻	斥	赤	翅	充	冲	虫	崇
水管体	耻	斥	赤	翅	充	冲	虫	崇
花瓣体	耻	斥	赤	翅	充	冲	虫	崇
淹水体	耻	斥	赤	翅	充	冲	虫	崇
粗宋体	耻	斥	赤	翅	充	冲	虫	崇

稚艺体	抽	仇	绸	愁	稠	筹	酬	丑
珊瑚体	抽	仇	绸	愁	稠	筹	酬	丑
精倩体	抽	仇	绸	愁	稠	筹	酬	丑
弹簧体	抽	仇	绸	愁	稠	筹	酬	丑
石头体	抽	仇	绸	愁	稠	筹	酬	丑
霹雳体	抽	仇	绸	愁	稠	筹	酬	丑
水管体	抽	仇	绸	愁	稠	筹	酬	丑
花瓣体	抽	仇	绸	愁	稠	筹	酬	丑
淹水体	抽	仇	绸	愁	稠	筹	酬	丑
粗宋体	抽	仇	绸	愁	稠	筹	酬	丑

稚艺体	臭 出 初 除 厨 锄 础 储
珊瑚体	臭 出 初 除 厨 锄 础 储
精倩体	臭 出 初 除 厨 锄 础 储
弹簧体	臭 出 初 除 厨 锄 础 储
石头体	臭 出 初 除 厨 锄 础 储
霹雳体	臭 出 初 除 厨 锄 础 储
水管体	臭 出 初 除 厨 锄 础 储
花瓣体	臭 出 初 除 厨 锄 础 储
淹水体	臭 出 初 除 厨 锄 础 储
粗宋体	臭 出 初 除 厨 锄 础 储

稚艺体	楚处触川穿传船喘
珊瑚体	楚处触川穿传船喘
精倩体	楚处触川穿传船喘
弹簧体	楚处触川穿传船喘
石头体	楚处触川穿传船喘
霹雳体	楚处触川穿传船喘
水管体	楚处触川穿传船喘
花瓣体	楚处触川穿传船喘
淹水体	楚处触川穿传船喘
粗宋体	楚处触川穿传船喘

稚艺体	串 吹 炊 垂 锤 春 纯 唇
珊瑚体	串 吹 炊 垂 锤 春 纯 唇
精倩体	串 吹 炊 垂 锤 春 纯 唇
弹簧体	串 吹 炊 垂 锤 春 纯 唇
石头体	串 吹 炊 垂 锤 春 纯 唇
霹雳体	串 吹 炊 垂 锤 春 纯 唇
水管体	串 吹 炊 垂 锤 春 纯 唇
花瓣体	串 吹 炊 垂 锤 春 纯 唇
淹水体	串 吹 炊 垂 锤 春 纯 唇
粗宋体	串 吹 炊 垂 锤 春 纯 唇

稚艺体	蠢 词 慈 辞 磁 此 次 刺
珊瑚体	蠢 词 慈 辞 磁 此 次 刺
精倩体	蠢 词 慈 辞 磁 此 次 刺
弹簧体	蠢 词 慈 辞 磁 此 次 刺
石头体	蠢 词 慈 辞 磁 此 次 刺
霹雳体	蠢 词 慈 辞 磁 此 次 刺
水管体	蠢 词 慈 辞 磁 此 次 刺
花瓣体	蠢 词 慈 辞 磁 此 次 刺
淹水体	蠢 词 慈 辞 磁 此 次 刺
粗宋体	蠢 词 慈 辞 磁 此 次 刺

稚艺体	从 匆 葱 聪 丛 凑 粗 促
珊瑚体	从 匆 葱 聪 丛 凑 粗 促
精倩体	从 匆 葱 聪 丛 凑 粗 促
弹簧体	从 匆 葱 聪 丛 凑 粗 促
石头体	从 匆 葱 聪 丛 凑 粗 促
霹雳体	从 匆 葱 聪 丛 凑 粗 促
水管体	从 匆 葱 聪 丛 凑 粗 促
花瓣体	从 匆 葱 聪 丛 凑 粗 促
淹水体	从 匆 葱 聪 丛 凑 粗 促
粗宋体	从 匆 葱 聪 丛 凑 粗 促

稚艺体	醋窜催摧脆翠村存
珊瑚体	醋窜催摧脆翠村存
精倩体	醋窜催摧脆翠村存
弹簧体	醋窜催摧脆翠村存
石头体	醋窜催摧脆翠村存
霹雳体	醋窜催摧脆翠村存
水管体	醋窜催摧脆翠村存
花瓣体	醋窜催摧脆翠村存
淹水体	醋窜催摧脆翠村存
粗宋体	醋窜催摧脆翠村存

稚艺体	寸错搭达笞打大呆
珊瑚体	寸错搭达答打大呆
精倩体	寸错搭达答打大呆
弹簧体	寸错搭达答打大呆
石头体	寸错搭达答打大呆
霹雳体	寸错搭达答打大呆
水管体	寸错搭达答打大呆
花瓣体	寸错搭达答打大呆
淹水体	寸错搭达答打大呆
粗宋体	寸错搭达答打大呆

小篆	代带待怠贷袋逮戴
篆变	代带待怠贷袋逮戴
隶书	代带待怠贷袋逮戴
颜楷	代带待怠贷袋逮戴
瘦金体	代带待怠贷袋逮戴
康体	代带待怠贷袋逮戴
舒体	代带待怠贷袋逮戴
特行	代带待怠贷袋逮戴
行楷	代带待怠贷袋逮戴
花行	代带待怠贷袋逮戴

稚艺体	丹	单	担	耽	胆	旦	但	诞
珊瑚体	丹	单	担	耽	胆	旦	但	诞
精倩体	丹	单	担	耽	胆	旦	但	诞
弹簧体	丹	单	担	耽	胆	旦	但	诞
石头体	丹	单	担	耽	胆	旦	但	诞
霹雳体	丹	单	担	耽	胆	旦	但	诞
水管体	丹	单	担	耽	胆	旦	但	诞
花瓣体	丹	单	担	耽	胆	旦	但	诞
淹水体	丹	单	担	耽	胆	旦	但	诞
粗宋体	丹	单	担	耽	胆	旦	但	诞

稚艺体	弹	淡	蛋	当	挡	党	荡	档
珊瑚体	弹	淡	蛋	当	挡	党	荡	档
精倩体	弹	淡	蛋	当	挡	党	荡	档
弹簧体	弹	淡	蛋	当	挡	党	荡	档
石头体	弹	淡	蛋	当	挡	党	荡	档
霹雳体	弹	淡	蛋	当	挡	党	荡	档
水管体	弹	淡	蛋	当	挡	党	荡	档
花瓣体	弹	淡	蛋	当	挡	党	荡	档
淹水体	弹	淡	蛋	当	挡	党	荡	档
粗宋体	弹	淡	蛋	当	挡	党	荡	档

稚艺体	刀 叨 导 岛 倒 蹈 到 悼
珊瑚体	刀 叨 导 岛 倒 蹈 到 悼
精倩体	刀 叨 导 岛 倒 蹈 到 悼
弹簧体	刀 叨 导 岛 倒 蹈 到 悼
石头体	刀 叨 导 岛 倒 蹈 到 悼
霹雳体	刀 叨 导 岛 倒 蹈 到 悼
水管体	刀 叨 导 岛 倒 蹈 到 悼
花瓣体	刀 叨 导 岛 倒 蹈 到 悼
淹水体	刀 叨 导 岛 倒 蹈 到 悼
粗宋体	刀 叨 导 岛 倒 蹈 到 悼

稚艺体	盗道稻得德的灯登
珊瑚体	盗道稻得德的灯登
精倩体	盗道稻得德的灯登
弹簧体	盗道稻得德的灯登
石头体	盗道稻得德的灯登
霹雳体	盗道稻得德的灯登
水管体	盗道稻得德的灯登
花瓣体	盗道稻得德的灯登
淹水体	盗道稻得德的灯登
粗宋体	盗道稻得德的灯登

稚艺体	等	凳	低	堤	滴	敌	笛	底
珊瑚体	等	凳	低	堤	滴	敌	笛	底
精倩体	等	凳	低	堤	滴	敌	笛	底
弹簧体	等	凳	低	堤	滴	敌	笛	底
石头体	等	凳	低	堤	滴	敌	笛	底
霹雳体	等	凳	低	堤	滴	敌	笛	底
水管体	等	凳	低	堤	滴	敌	笛	底
花瓣体	等	凳	低	堤	滴	敌	笛	底
淹水体	等	凳	低	堤	滴	敌	笛	底
粗宋体	等	凳	低	堤	滴	敌	笛	底

稚艺体	抵	地	弟	帝	递	第	颠	典
珊瑚体	抵	地	弟	帝	递	第	颠	典
精倩体	抵	地	弟	帝	递	第	颠	典
弹簧体	抵	地	弟	帝	递	第	颠	典
石头体	抵	地	弟	帝	递	第	颠	典
霹雳体	抵	地	弟	帝	递	第	颠	典
水管体	抵	地	弟	帝	递	第	颠	典
花瓣体	抵	地	弟	帝	递	第	颠	典
淹水体	抵	地	弟	帝	递	第	颠	典
粗宋体	抵	地	弟	帝	递	第	颠	典

稚艺体	点	电	店	垫	殿	叼	雕	吊
珊瑚体	点	电	店	垫	殿	叼	雕	吊
精倩体	点	电	店	垫	殿	叼	雕	吊
弹簧体	点	电	店	垫	殿	叼	雕	吊
石头体	点	电	店	垫	殿	叼	雕	吊
霹雳体	点	电	店	垫	殿	叼	雕	吊
水管体	点	电	店	垫	殿	叼	雕	吊
花瓣体	点	电	店	垫	殿	叼	雕	吊
淹水体	点	电	店	垫	殿	叼	雕	吊
粗宋体	点	电	店	垫	殿	叼	雕	吊

稚艺体	钓调爹跌叠蝶丁叮
珊瑚体	钓调爹跌叠蝶丁叮
精倩体	钓调爹跌叠蝶丁叮
弹簧体	钓调爹跌叠蝶丁叮
石头体	钓调爹跌叠蝶丁叮
霹雳体	钓调爹跌叠蝶丁叮
水管体	钓调爹跌叠蝶丁叮
花瓣体	钓调爹跌叠蝶个叮
淹水体	钓调爹跌叠蝶丁叮
粗宋体	钓调爹跌叠蝶丁叮

稚艺体	盯 钉 顶 订 定 丢 东 冬
珊瑚体	盯 钉 顶 订 定 丢 东 冬
精倩体	盯 钉 顶 订 定 丢 东 冬
弹簧体	盯 钉 顶 订 定 丢 东 冬
石头体	盯 钉 顶 订 定 丢 东 冬
霹雳体	盯 钉 顶 订 定 丢 东 冬
水管体	盯 钉 顶 订 定 丢 东 冬
花瓣体	盯 钉 顶 订 定 丢 东 冬
淹水体	盯 钉 顶 订 定 丢 东 冬
粗宋体	盯 钉 顶 订 定 丢 东 冬

稚艺体	董懂动冻栋洞都斗
珊瑚体	董懂动冻栋洞都斗
精倩体	董懂动冻栋洞都斗
弹簧体	董懂动冻栋洞都斗
石头体	董懂动冻栋洞都斗
霹雳体	董懂动冻栋洞都斗
水管体	董懂动冻栋洞都斗
花瓣体	董懂动冻栋洞都斗
淹水体	董懂动冻栋洞都斗
粗宋体	董懂动冻栋洞都斗

稚艺体	抖	陡	豆	逗	督	毒	读	独
珊瑚体	抖	陡	豆	逗	督	毒	读	独
精倩体	抖	陡	豆	逗	督	毒	读	独
弹簧体	抖	陡	豆	逗	督	毒	读	独
石头体	抖	陡	豆	逗	督	毒	读	独
霹雳体	抖	陡	豆	逗	督	毒	读	独
水管体	抖	陡	豆	逗	督	毒	读	独
花瓣体	抖	陡	豆	逗	督	毒	读	独
淹水体	抖	陡	豆	逗	督	毒	读	独
粗宋体	抖	陡	豆	逗	督	毒	读	独

稚艺体	堵	赌	杜	肚	度	渡	端 短
珊瑚体	堵	赌	杜	肚	度	渡	端 短
精倩体	堵	赌	杜	肚	度	渡	端 短
弹簧体	堵	赌	杜	肚	度	渡	端 短
石头体	堵	赌	杜	肚	度	渡	端 短
霹雳体	堵	赌	杜	肚	度	渡	端 短
水管体	堵	赌	杜	肚	度	渡	端 短
花瓣体	堵	赌	杜	肚	度	渡	端 短
淹水体	堵	赌	杜	肚	度	渡	端 短
粗宋体	堵	赌	杜	肚	度	渡	端 短

稚艺体	段	断	缎	锻	堆	队	对	吨
珊瑚体	段	断	缎	锻	堆	队	对	吨
精倩体	段	断	缎	锻	堆	队	对	吨
弹簧体	段	断	缎	锻	堆	队	对	吨
石头体	段	断	缎	锻	堆	队	对	吨
霹雳体	段	断	缎	锻	堆	队	对	吨
水管体	段	断	缎	锻	堆	队	对	吨
花瓣体	段	断	缎	锻	堆	队	对	吨
淹水体	段	断	缎	锻	堆	队	对	吨
粗宋体	段	断	缎	锻	堆	队	对	吨

稚艺体	蹲盾顿多夺朵躲惰
珊瑚体	蹲盾顿多夺朵躲惰
精倩体	蹲盾顿多夺朵躲惰
弹簧体	蹲盾顿吕夺朵躲惰
石头体	蹲盾顿吕夺朵躲惰
霹雳体	蹲盾顿多夺朵躲惰
水管体	蹲盾顿吕夺朵躲惰
花瓣体	蹲盾顿多夺朵躲惰
淹水体	蹲盾顿吕夺朵躲惰
粗宋体	蹲盾顿多夺朵躲惰

稚艺体	鹅 蛾 额 恶 饿 恩 儿 而
珊瑚体	鹅 蛾 额 恶 饿 恩 儿 而
精倩体	鹅 蛾 额 恶 饿 恩 儿 而
弹簧体	鹅 蛾 额 恶 饿 恩 儿 而
石头体	鹅 蛾 额 恶 饿 恩 儿 而
霹雳体	鹅 蛾 额 恶 饿 恩 儿 而
水管体	鹅 蛾 额 恶 饿 恩 儿 而
花瓣体	鹅 蛾 额 恶 饿 恩 儿 而
淹水体	鹅 蛾 额 恶 饿 恩 儿 而
粗宋体	鹅 蛾 额 恶 饿 恩 儿 而

稚艺体	耳 二 发 乏 伐 罚 阀 法
珊瑚体	耳 二 发 乏 伐 罚 阀 法
精倩体	耳 二 发 乏 伐 罚 阀 法
弹簧体	耳 二 发 乏 伐 罚 阀 法
石头体	耳 二 发 乏 伐 罚 阀 法
霹雳体	耳 二 发 乏 伐 罚 阀 法
水管体	耳 二 发 乏 伐 罚 阀 法
花瓣体	耳 二 发 乏 伐 罚 阀 法
淹水体	耳 二 发 乏 伐 罚 阀 法
粗宋体	耳 二 发 乏 伐 罚 阀 法

稚艺体	帆番翻犯泛饭范贩
珊瑚体	帆番翻犯泛饭范贩
精倩体	帆番翻犯泛饭范贩
弹簧体	帆番翻犯泛饭范贩
石头体	帆番翻犯泛饭范贩
霹雳体	帆番翻犯泛饭范贩
水管体	帆番翻犯泛饭范贩
花瓣体	帆番翻犯泛饭范贩
淹水体	帆番翻犯泛饭范贩
粗宋体	帆番翻犯泛饭范贩

稚艺体	方	坊	芳	防	非	肥	匪	废
珊瑚体	方	坊	芳	防	非	肥	匪	废
精倩体	方	坊	芳	防	非	肥	匪	废
弹簧体	方	坊	芳	防	非	肥	匪	废
石头体	方	坊	芳	防	非	肥	匪	废
霹雳体	方	坊	芳	防	非	肥	匪	废
水管体	方	坊	芳	防	非	肥	匪	废
花瓣体	方	坊	芳	防	非	肥	匪	废
淹水体	方	坊	芳	防	非	肥	匪	废
粗宋体	方	坊	芳	防	非	肥	匪	废

稚艺体	沸肺费分吩纷芬坟
珊瑚体	沸肺费分吩纷芬坟
精倩体	沸肺费分吩纷芬坟
弹簧体	沸肺费分吩纷芬坟
石头体	沸肺费分吩纷芬坟
霹雳体	沸肺费分吩纷芬坟
水管体	沸肺费分吩纷芬坟
花瓣体	沸肺费分吩纷芬坟
淹水体	沸肺费分吩纷芬坟
粗宋体	沸肺费分吩纷芬坟

稚艺体	粉	份	奋	愤	粪	丰	风	封
珊瑚体	粉	份	奋	愤	粪	丰	风	封
精倩体	粉	份	奋	愤	粪	丰	风	封
弹簧体	粉	份	奋	愤	粪	丰	风	封
石头体	粉	份	奋	愤	粪	丰	风	封
霹雳体	粉	份	奋	愤	粪	丰	风	封
水管体	粉	份	奋	愤	粪	丰	风	封
花瓣体	粉	份	奋	愤	粪	丰	风	封
淹水体	粉	份	奋	愤	粪	丰	风	封
粗宋体	粉	份	奋	愤	粪	丰	风	封

稚艺体	疯	峰	锋	蜂	逢	缝	讽	凤
珊瑚体	疯	峰	锋	蜂	逢	缝	讽	凤
精倩体	疯	峰	锋	蜂	逢	缝	讽	凤
弹簧体	疯	峰	锋	蜂	逢	缝	讽	凤
石头体	疯	峰	锋	蜂	逢	缝	讽	凤
霹雳体	疯	峰	锋	蜂	逢	缝	讽	凤
水管体	疯	峰	锋	蜂	逢	缝	讽	凤
花瓣体	疯	峰	锋	蜂	逢	缝	讽	凤
淹水体	疯	峰	锋	蜂	逢	缝	讽	凤
粗宋体	疯	峰	锋	蜂	逢	缝	讽	凤

稚艺体	奉	佛	否	夫	肤	伏	扶	服
珊瑚体	奉	佛	否	夫	肤	伏	扶	服
精倩体	奉	佛	否	夫	肤	伏	扶	服
弹簧体	奉	佛	否	夫	肤	伏	扶	服
石头体	奉	佛	否	夫	肤	伏	扶	服
霹雳体	奉	佛	否	夫	肤	伏	扶	服
水管体	奉	佛	否	夫	肤	伏	扶	服
花瓣体	奉	佛	否	夫	肤	伏	扶	服
淹水体	奉	佛	否	夫	肤	伏	扶	服
粗宋体	奉	佛	否	夫	肤	伏	扶	服

稚艺体	俘浮符幅福抚府斧
珊瑚体	俘浮符幅福抚府斧
精倩体	俘浮符幅福抚府斧
弹簧体	俘浮符幅福抚府斧
石头体	俘浮符幅福抚府斧
霹雳体	俘浮符幅福抚府斧
水管体	俘浮符幅福抚府斧
花瓣体	俘浮符幅福抚府斧
淹水体	俘浮符幅福抚府斧
粗宋体	俘浮符幅福抚府斧

稚艺体	俯 辅 腐 父 付 妇 负 附
珊瑚体	俯 辅 腐 父 付 妇 负 附
精倩体	俯 辅 腐 父 付 妇 负 附
弹簧体	俯 辅 腐 父 付 妇 负 附
石头体	俯 辅 腐 父 付 妇 负 附
霹雳体	俯 辅 腐 父 付 妇 负 附
水管体	俯 辅 腐 父 付 妇 负 附
花瓣体	俯 辅 腐 父 付 妇 负 附
淹水体	俯 辅 腐 父 付 妇 负 附
粗宋体	俯 辅 腐 父 付 妇 负 附

稚艺体	咐 复 赴 副 傅 富 腹 覆
珊瑚体	咐 复 赴 副 傅 富 腹 覆
精倩体	咐 复 赴 副 傅 富 腹 覆
弹簧体	咐 复 赴 副 傅 富 腹 覆
石头体	咐 复 赴 副 傅 富 腹 覆
霹雳体	咐 复 赴 副 傅 富 腹 覆
水管体	咐 复 赴 副 傅 富 腹 覆
花瓣体	咐 复 赴 副 傅 富 腹 覆
淹水体	咐 复 赴 副 傅 富 腹 覆
粗宋体	咐 复 赴 副 傅 富 腹 覆

稚艺体	该	改	盖	溉	概	干	甘	杆
珊瑚体	该	改	盖	溉	概	干	甘	杆
精倩体	该	改	盖	溉	概	干	甘	杆
弹簧体	诚	改	盖	溉	概	干	甘	杆
石头体	诚	改	盖	溉	概	干	甘	杆
霹雳体	该	改	盖	溉	概	干	甘	杆
水管体	诚	改	盖	溉	概	干	甘	杆
花瓣体	该	改	盖	溉	概	干	甘	杆
淹水体	诚	改	盖	溉	概	干	甘	杆
粗宋体	该	改	盖	溉	概	干	甘	杆

稚艺体	肝竿秆赶敢感冈刚
珊瑚体	肝竿秆赶敢感冈刚
精倩体	肝竿秆赶敢感冈刚
弹簧体	肝竿秆赶敢感冈刚
石头体	肝竿秆赶敢感冈刚
霹雳体	肝竿秆赶敢感冈刚
水管体	肝竿秆赶敢感冈刚
花瓣体	肝竿秆赶敢感冈刚
淹水体	肝竿秆赶敢感冈刚
粗宋体	肝竿秆赶敢感冈刚

稚艺体	岗纲缸钢港杠高膏
珊瑚体	岗纲缸钢港杠高膏
精倩体	岗纲缸钢港杠高膏
弹簧体	岗纲缸钢港杠高膏
石头体	岗纲缸钢港杠高膏
霹雳体	岗纲缸钢港杠高膏
水管体	岗纲缸钢港杠高膏
花瓣体	岗纲缸钢港杠高膏
淹水体	岗纲缸钢港杠高膏
粗宋体	岗纲缸钢港杠高膏

稚艺体	糕搞稿哥胳鸽格葛
珊瑚体	糕搞稿哥胳鸽格葛
精倩体	糕搞稿哥胳鸽格葛
弹簧体	糕搞稿哥胳鸽格葛
石头体	糕搞稿哥胳鸽格葛
霹雳体	糕搞稿哥胳鸽格葛
水管体	糕搞稿哥胳鸽格葛
花瓣体	糕搞稿哥胳鸽格葛
淹水体	糕搞稿哥胳鸽格葛
粗宋体	糕搞稿哥胳鸽格葛

稚艺体	隔 个 各 给 根 更 耕 工
珊瑚体	隔 个 各 给 根 更 耕 工
精倩体	隔 个 各 给 根 更 耕 工
弹簧体	隔 个 各 给 根 更 耕 工
石头体	隔 个 各 给 根 更 耕 工
霹雳体	隔 个 各 给 根 更 耕 工
水管体	隔 个 各 给 根 更 耕 工
花瓣体	隔 个 各 给 根 更 耕 工
淹水体	隔 个 各 给 根 更 耕 工
粗宋体	隔 个 各 给 根 更 耕 工

稚艺体	弓公功攻供宫恭躬
珊瑚体	弓公功攻供宫恭躬
精倩体	弓公功攻供宫恭躬
弹簧体	弓公功攻供宫恭躬
石头体	弓公功攻供宫恭躬
霹雳体	弓公功攻供宫恭躬
水管体	弓公功攻供宫恭躬
花瓣体	弓公功攻供宫恭躬
淹水体	弓公功攻供宫恭躬
粗宋体	弓公功攻供宫恭躬

稚艺体	巩共贡勾沟钩狗构
珊瑚体	巩共贡勾沟钩狗构
精倩体	巩共贡勾沟钩狗构
弹簧体	巩共贡勾沟钩狗构
石头体	巩共贡勾沟钩狗构
霹雳体	巩共贡勾沟钩狗构
水管体	巩共贡勾沟钩狗构
花瓣体	巩共贡勾沟钩狗构
淹水体	巩共贡勾沟钩狗构
粗宋体	巩共贡勾沟钩狗构

稚艺体	购够估姑孤辜古谷
珊瑚体	购够估姑孤辜古谷
精倩体	购够估姑孤辜古谷
弹簧体	购够估姑孤辜古谷
石头体	购够估姑孤辜古谷
霹雳体	购够估姑孤辜古谷
水管体	购够估姑孤辜古谷
花瓣体	购够估姑孤辜古谷
淹水体	购够估姑孤辜古谷
粗宋体	购够估姑孤辜古谷

稚艺体	股骨鼓固故顾瓜刮
珊瑚体	股骨鼓固故顾瓜刮
精倩体	股骨鼓固故顾瓜刮
弹簧体	股骨鼓固故顾瓜刮
石头体	股骨鼓固故顾瓜刮
霹雳体	股骨鼓固故顾瓜刮
水管体	股骨鼓固故顾瓜刮
花瓣体	股骨鼓固故顾瓜刮
淹水体	股骨鼓固故顾瓜刮
粗宋体	股骨鼓固故顾瓜刮

稚艺体	挂 乖 观 官 冠 馆 管 贯
珊瑚体	挂 乖 观 官 冠 馆 管 贯
精倩体	挂 乖 观 官 冠 馆 管 贯
弹簧体	挂 乖 观 官 冠 馆 管 贯
石头体	挂 乖 观 官 冠 馆 管 贯
霹雳体	挂 乖 观 官 冠 馆 管 贯
水管体	挂 乖 观 官 冠 馆 管 贯
花瓣体	挂 乖 观 官 冠 馆 管 贯
淹水体	挂 乖 观 官 冠 馆 管 贯
粗宋体	挂 乖 观 官 冠 馆 管 贯

稚艺体	惯灌罐光广归龟规
珊瑚体	惯灌罐光广归龟规
精倩体	惯灌罐光广归龟规
弹簧体	惯灌罐光广归龟规
石头体	惯灌罐光广归龟规
霹雳体	惯灌罐光广归龟规
水管体	惯灌罐光广归龟规
花瓣体	惯灌罐光广归龟规
淹水体	惯灌罐光广归龟规
粗宋体	惯灌罐光广归龟规

稚艺体	轨 鬼 贵 桂 跪 滚 棍 锅
珊瑚体	轨 鬼 贵 桂 跪 滚 棍 锅
精倩体	轨 鬼 贵 桂 跪 滚 棍 锅
弹簧体	轨 鬼 贵 桂 跪 滚 棍 锅
石头体	轨 鬼 贵 桂 跪 滚 棍 锅
霹雳体	轨 鬼 贵 桂 跪 滚 棍 锅
水管体	轨 鬼 贵 桂 跪 滚 棍 锅
花瓣体	轨 鬼 贵 桂 跪 滚 棍 锅
淹水体	轨 鬼 贵 桂 跪 滚 棍 锅
粗宋体	轨 鬼 贵 桂 跪 滚 棍 锅

稚艺体	国果裹过哈孩海害
珊瑚体	国果裹过哈孩海害
精倩体	国果裹过哈孩海害
弹簧体	国果裹过哈孩海害
石头体	国果裹过哈孩海害
霹雳体	国果裹过哈孩海害
水管体	国果裹过哈孩海害
花瓣体	国果裹过哈孩海害
淹水体	国果裹过哈孩海害
粗宋体	国果裹过哈孩海害

稚艺体	含寒喊汉汗旱航毫
珊瑚体	含寒喊汉汗旱航毫
精倩体	含寒喊汉汗旱航毫
弹簧体	含寒喊汉汗旱航毫
石头体	含寒喊汉汗旱航毫
霹雳体	含寒喊汉汗旱航毫
水管体	含寒喊汉汗旱航毫
花瓣体	含寒喊汉汗旱航毫
淹水体	含寒喊汉汗旱航毫
粗宋体	含寒喊汉汗旱航毫

稚艺体	豪 好 号 浩 耗 喝 禾 合
珊瑚体	豪 好 号 浩 耗 喝 禾 合
精倩体	豪 好 号 浩 耗 喝 禾 合
弹簧体	豪 好 号 浩 耗 喝 禾 合
石头体	豪 好 号 浩 耗 喝 禾 合
霹雳体	豪 好 号 浩 耗 喝 禾 合
水管体	豪 好 号 浩 耗 喝 禾 合
花瓣体	豪 好 号 浩 耗 喝 禾 合
淹水体	豪 好 号 浩 耗 喝 禾 合
粗宋体	豪 好 号 浩 耗 喝 禾 合

稚艺体	何和河核荷盒贺黑
珊瑚体	何和河核荷盒贺黑
精倩体	何和河核荷盒贺黑
弹簧体	何和河核荷盒贺黑
石头体	何和河核荷盒贺黑
霹雳体	何和河核荷盒贺黑
水管体	何和河核荷盒贺黑
花瓣体	何和河核荷盒贺黑
淹水体	何和河核荷盒贺黑
粗宋体	何和河核荷盒贺黑

稚艺体	痕	很	狠	恨	恒	横	衡	轰
珊瑚体	痕	很	狠	恨	恒	横	衡	轰
精倩体	痕	很	狠	恨	恒	横	衡	轰
弹簧体	痕	很	狠	恨	恒	横	衡	轰
石头体	痕	很	狠	恨	恒	横	衡	轰
霹雳体	痕	很	狠	恨	恒	横	衡	轰
水管体	痕	很	狠	恨	恒	横	衡	轰
花瓣体	痕	很	狠	恨	恒	横	衡	轰
淹水体	痕	很	狠	恨	恒	横	衡	轰
粗宋体	痕	很	狠	恨	恒	横	衡	轰

稚艺体	哄 烘 红 宏 洪 虹 喉 猴
珊瑚体	哄 烘 红 宏 洪 虹 喉 猴
精倩体	哄 烘 红 宏 洪 虹 喉 猴
弹簧体	哄 烘 红 宏 洪 虹 喉 猴
石头体	哄 烘 红 宏 洪 虹 喉 猴
霹雳体	哄 烘 红 宏 洪 虹 喉 猴
水管体	哄 烘 红 宏 洪 虹 喉 猴
花瓣体	哄 烘 红 宏 洪 虹 喉 猴
淹水体	哄 烘 红 宏 洪 虹 喉 猴
粗宋体	哄 烘 红 宏 洪 虹 喉 猴

稚艺体	吼 后 厚 候 乎 壶 湖 糊
珊瑚体	吼 后 厚 候 乎 壶 湖 糊
精倩体	吼 后 厚 候 乎 壶 湖 糊
弹簧体	吼 后 厚 候 乎 壶 湖 糊
石头体	吼 后 厚 候 乎 壶 湖 糊
霹雳体	吼 后 厚 候 乎 壶 湖 糊
水管体	吼 后 厚 候 乎 壶 湖 糊
花瓣体	吼 后 厚 候 乎 壶 湖 糊
淹水体	吼 后 厚 候 乎 壶 湖 糊
粗宋体	吼 后 厚 候 乎 壶 湖 糊

稚艺体	蝴虎互户护花华哗
珊瑚体	蝴虎互户护花华哗
精倩体	蝴虎互户护花华哗
弹簧体	蝴虎互户护花华哗
石头体	蝴虎互户护花华哗
霹雳体	蝴虎互户护花华哗
水管体	蝴虎互户护花华哗
花瓣体	蝴虎互户护花华哗
淹水体	蝴虎互户护花华哗
粗宋体	蝴虎互户护花华哗

稚艺体	滑猾化划画话怀槐
珊瑚体	滑猾化划画话怀槐
精倩体	滑猾化划画话怀槐
弹簧体	滑猾化划画话怀槐
石头体	滑猾化划画话怀槐
霹雳体	滑猾化划画话怀槐
水管体	滑猾化划画话怀槐
花瓣体	滑猾化划画话怀槐
淹水体	滑猾化划画话怀槐
粗宋体	滑猾化划画话怀槐

稚艺体	坏欢还环缓幻唤换
珊瑚体	坏欢还环缓幻唤换
精倩体	坏欢还环缓幻唤换
弹簧体	坏欢还环缓幻唤换
石头体	坏欢还环缓幻唤换
霹雳体	坏欢还环缓幻唤换
水管体	坏欢还环缓幻唤换
花瓣体	环欢还环缓幻唤换
淹水体	坏欢还环缓幻唤换
粗宋体	坏欢还环缓幻唤换

稚艺体	患	荒	慌	皇	黄	煌	晃	谎
珊瑚体	患	荒	慌	皇	黄	煌	晃	谎
精倩体	患	荒	慌	皇	黄	煌	晃	谎
弹簧体	患	荒	慌	皇	黄	煌	晃	谎
石头体	患	荒	慌	皇	黄	煌	晃	谎
霹雳体	患	荒	慌	皇	黄	煌	晃	谎
水管体	患	荒	慌	皇	黄	煌	晃	谎
花瓣体	患	荒	慌	皇	黄	煌	晃	谎
淹水体	患	荒	慌	皇	黄	煌	晃	谎
粗宋体	患	荒	慌	皇	黄	煌	晃	谎

稚艺体	灰 恢 挥 辉 回 悔 汇 会
珊瑚体	灰 恢 挥 辉 回 悔 汇 会
精倩体	灰 恢 挥 辉 回 悔 汇 会
弹簧体	灰 恢 挥 辉 回 悔 汇 会
石头体	灰 恢 挥 辉 回 悔 汇 会
霹雳体	灰 恢 挥 辉 回 悔 汇 会
水管体	灰 恢 挥 辉 回 悔 汇 会
花瓣体	灰 恢 挥 辉 回 悔 汇 会
淹水体	灰 恢 挥 辉 回 悔 汇 会
粗宋体	灰 恢 挥 辉 回 悔 汇 会

稚艺体	绘	贿	惠	毁	慧	昏	婚	浑
珊瑚体	绘	贿	惠	毁	慧	昏	婚	浑
精倩体	绘	贿	惠	毁	慧	昏	婚	浑
弹簧体	绘	贿	惠	毁	慧	昏	婚	浑
石头体	绘	贿	惠	毁	慧	昏	婚	浑
霹雳体	绘	贿	惠	毁	慧	昏	婚	浑
水管体	绘	贿	惠	毁	慧	昏	婚	浑
花瓣体	绘	贿	惠	毁	慧	昏	婚	浑
淹水体	绘	贿	惠	毁	慧	昏	婚	浑
粗宋体	绘	贿	惠	毁	慧	昏	婚	浑

稚艺体	魂混活火伙或货获
珊瑚体	魂混活火伙或货获
精倩体	魂混活火伙或货获
弹簧体	魂混活火伙或货获
石头体	魂混活火伙或货获
霹雳体	魂混活火伙或货获
水管体	魂混活火伙或货获
花瓣体	魂混活火伙或货获
淹水体	魂混活火伙或货获
粗宋体	魂混活火伙或货获

稚艺体	祸惑机肌鸡迹积基
珊瑚体	祸惑机肌鸡迹积基
精倩体	祸惑机肌鸡迹积基
弹簧体	祸惑机肌鸡迹积基
石头体	祸惑机肌鸡迹积基
霹雳体	祸惑机肌鸡迹积基
水管体	祸惑机肌鸡迹积基
花瓣体	祸惑机肌鸡迹积基
淹水体	祸惑机肌鸡迹积基
粗宋体	祸惑机肌鸡迹积基

稚艺体	绩激及吉级即极急
珊瑚体	绩激及吉级即极急
精倩体	绩激及吉级即极急
弹簧体	绩激又吉级即极急
石头体	绩激又吉级即极急
霹雳体	绩激及吉级即极急
水管体	绩激又吉级即极急
花瓣体	绩激及吉级即极急
淹水体	绩激又吉级即极急
粗宋体	绩激及吉级即极急

稚艺体	疾 集 忌 技 际 剂 季 既
珊瑚体	疾 集 忌 技 际 剂 季 既
精倩体	疾 集 忌 技 际 剂 季 既
弹簧体	疾 集 忌 技 际 剂 季 既
石头体	疾 集 忌 技 际 剂 季 既
霹雳体	疾 集 忌 技 际 剂 季 既
水管体	疾 集 忌 技 际 剂 季 既
花瓣体	疾 集 忌 技 际 剂 季 既
淹水体	疾 集 忌 技 际 剂 季 既
粗宋体	疾 集 忌 技 际 剂 季 既

稚艺体	济	继	寄	加	夹	佳	家	嘉
珊瑚体	济	继	寄	加	夹	佳	家	嘉
精倩体	济	继	寄	加	夹	佳	家	嘉
弹簧体	济	继	寄	加	夹	佳	家	嘉
石头体	济	继	寄	加	夹	佳	家	嘉
霹雳体	济	继	寄	加	夹	佳	家	嘉
水管体	济	继	寄	加	夹	佳	家	嘉
花瓣体	济	继	寄	加	夹	佳	家	嘉
淹水体	济	继	寄	加	夹	佳	家	嘉
粗宋体	济	继	寄	加	夹	佳	家	嘉

稚艺体	甲 价 驾 架 假 嫁 稼 奸
珊瑚体	甲 价 驾 架 假 嫁 稼 奸
精倩体	甲 价 驾 架 假 嫁 稼 奸
弹簧体	甲 价 驾 架 假 嫁 稼 奸
石头体	甲 价 驾 架 假 嫁 稼 奸
霹雳体	甲 价 驾 架 假 嫁 稼 奸
水管体	甲 价 驾 架 假 嫁 稼 奸
花瓣体	甲 价 驾 架 假 嫁 稼 奸
淹水体	甲 价 驾 架 假 嫁 稼 奸
粗宋体	甲 价 驾 架 假 嫁 稼 奸

稚艺体	尖坚歼间肩艰俭茧
珊瑚体	尖坚歼间肩艰俭茧
精倩体	尖坚歼间肩艰俭茧
弹簧体	尖坚歼间肩艰俭茧
石头体	尖坚歼间肩艰俭茧
霹雳体	尖坚歼间肩艰俭茧
水管体	尖坚歼间肩艰俭茧
花瓣体	尖坚歼间肩艰俭茧
淹水体	尖坚歼间肩艰俭茧
粗宋体	尖坚歼间肩艰俭茧

稚艺体	捡减剪检简见件建
珊瑚体	捡减剪检简见件建
精倩体	捡减剪检简见件建
弹簧体	捡减剪检简见件建
石头体	捡减剪检简见件建
霹雳体	捡减剪检简见件建
水管体	捡减剪检简见件建
花瓣体	捡减剪检简见件建
淹水体	捡减剪检简见件建
粗宋体	捡减剪检简见件建

稚艺体	剑荐贱健舰渐践鉴
珊瑚体	剑荐贱健舰渐践鉴
精倩体	剑荐贱健舰渐践鉴
弹簧体	剑荐贱健舰渐践鉴
石头体	剑荐贱健舰渐践鉴
霹雳体	剑荐贱健舰渐践鉴
水管体	剑荐贱健舰渐践鉴
花瓣体	剑荐贱健舰渐践鉴
淹水体	剑荐贱健舰渐践鉴
粗宋体	剑荐贱健舰渐践鉴

稚艺体	键	箭	僵	疆	讲	奖	桨	匠
珊瑚体	键	箭	僵	疆	讲	奖	桨	匠
精倩体	键	箭	僵	疆	讲	奖	桨	匠
弹簧体	键	箭	僵	疆	讲	奖	桨	匠
石头体	键	箭	僵	疆	讲	奖	匠	
霹雳体	键	箭	僵	疆	讲	奖	桨	匠
水管体	键	箭	僵	疆	讲	奖	桨	匠
花瓣体	键	箭	僵	疆	讲	奖	桨	匠
淹水体	键	箭	僵	疆	讲	奖	桨	匠
粗宋体	键	箭	僵	疆	讲	奖	桨	匠

稚艺体	降	酱	交	郊	娇	浇	骄	胶
珊瑚体	降	酱	交	郊	娇	浇	骄	胶
精倩体	降	酱	交	郊	娇	浇	骄	胶
弹簧体	降	酱	交	郊	娇	浇	骄	胶
石头体	降	酱	交	郊	娇	浇	骄	胶
霹雳体	降	酱	交	郊	娇	浇	骄	胶
水管体	降	酱	交	郊	娇	浇	骄	胶
花瓣体	降	酱	交	郊	娇	浇	骄	胶
淹水体	降	酱	交	郊	娇	浇	骄	胶
粗宋体	降	酱	交	郊	娇	浇	骄	胶

稚艺体	椒	焦	蕉	甬	狡	绞	叫	轿
珊瑚体	椒	焦	蕉	角	狡	绞	叫	轿
精倩体	椒	焦	蕉	角	狡	绞	叫	轿
弹簧体	椒	焦	蕉	角	狡	绞	叫	轿
石头体	椒	焦	蕉	角	狡	绞	叫	轿
霹雳体	椒	焦	蕉	角	狡	绞	叫	轿
水管体	椒	焦	蕉	角	狡	绞	叫	轿
花瓣体	椒	焦	蕉	角	狡	绞	叫	轿
淹水体	椒	焦	蕉	角	狡	绞	叫	轿
粗宋体	椒	焦	蕉	角	狡	绞	叫	轿

稚艺体	较 教 阶 皆 接 街 节 劫
珊瑚体	较 教 阶 皆 接 街 节 劫
精倩体	较 教 阶 皆 接 街 节 劫
弹簧体	较 教 阶 皆 接 街 节 劫
石头体	较 教 阶 皆 接 街 节 劫
霹雳体	较 教 阶 皆 接 街 节 劫
水管体	较 教 阶 皆 接 街 节 劫
花瓣体	较 教 阶 皆 接 街 节 劫
淹水体	较 教 阶 皆 接 街 节 劫
粗宋体	较 教 阶 皆 接 街 节 劫

稚艺体	杰 洁 竭 她 姐 解 介 戒
珊瑚体	杰 洁 竭 她 姐 解 介 戒
精倩体	杰 洁 竭 她 姐 解 介 戒
弹簧体	杰 洁 竭 她 姐 解 介 戒
石头体	杰 洁 竭 她 姐 解 介 戒
霹雳体	杰 洁 竭 她 姐 解 介 戒
水管体	杰 洁 竭 她 姐 解 介 戒
花瓣体	杰 洁 竭 她 姐 解 介 戒
淹水体	杰 洁 竭 她 姐 解 介 戒
粗宋体	杰 洁 竭 她 姐 解 介 戒

稚艺体	届界借巾今斤金津
珊瑚体	届界借巾今斤金津
精倩体	届界借巾今斤金津
弹簧体	届界借巾今斤金津
石头体	届界借巾今斤金津
霹雳体	届界借巾今斤金津
水管体	届界借巾今斤金津
花瓣体	届界借巾今斤金津
淹水体	届界借巾今斤金津
粗宋体	届界借巾今斤金津

稚艺体	筋仅紧谨锦尽劲近
珊瑚体	筋仅紧谨锦尽劲近
精倩体	筋仅紧谨锦尽劲近
弹簧体	筋仅紧谨锦尽劲近
石头体	筋仅紧谨锦尽劲近
霹雳体	筋仅紧谨锦尽劲近
水管体	筋仅紧谨锦尽劲近
花瓣体	筋仅紧谨锦尽劲近
淹水体	筋仅紧谨锦尽劲近
粗宋体	筋仅紧谨锦尽劲近

稚艺体	进	晋	浸	禁	京	经	茎	惊
珊瑚体	进	晋	浸	禁	京	经	茎	惊
精倩体	进	晋	浸	禁	京	经	茎	惊
弹簧体	进	晋	浸	禁	京	经	茎	惊
石头体	进	晋	浸	禁	京	经	茎	惊
霹雳体	进	晋	浸	禁	京	经	茎	惊
水管体	进	晋	浸	禁	京	经	茎	惊
花瓣体	进	晋	浸	禁	京	经	茎	惊
淹水体	进	晋	浸	禁	京	经	茎	惊
粗宋体	进	晋	浸	禁	京	经	茎	惊

稚艺体	晶	晴	精	井	颈	景	警	净
珊瑚体	晶	晴	精	井	颈	景	警	净
精倩体	晶	晴	精	井	颈	景	警	净
弹簧体	晶	晴	精	井	颈	景	警	净
石头体	晶	晴	精	井	颈	景	警	净
霹雳体	晶	晴	精	井	颈	景	警	净
水管体	晶	晴	精	井	颈	景	警	净
花瓣体	晶	晴	精	井	颈	景	警	净
淹水体	晶	晴	精	井	颈	景	警	净
粗宋体	晶	晴	精	井	颈	景	警	净

稚艺体	径	竞	竟	敬	境	静	镜 纠
珊瑚体	径	竞	竟	敬	境	静	镜 纠
精倩体	径	竞	竟	敬	境	静	镜 纠
弹簧体	径	竞	竟	敬	境	静	镜 纠
石头体	径	竟	竟	敬	境	静	镜 纠
霹雳体	径	竞	竞	敬	境	静	镜 纠
水管体	径	竞	竟	敬	境	静	镜 纠
花瓣体	径	竞	竞	敬	境	静	镜 纠
淹水体	径	竞	竟	敬	境	静	镜 纠
粗宋体	径	竞	竟	敬	境	静	镜 纠

稚艺体	究	揪	九	久	酒	拘	鞠	局
珊瑚体	究	揪	九	久	酒	拘	鞠	局
精倩体	究	揪	九	久	酒	拘	鞠	局
弹簧体	究	揪	九	久	酒	拘	鞠	局
石头体	究	揪	九	久	酒	拘	鞠	局
霹雳体	究	揪	九	久	酒	拘	鞠	局
水管体	究	揪	九	久	酒	拘	鞠	局
花瓣体	究	揪	九	久	酒	拘	鞠	局
淹水体	究	揪	九	久	酒	拘	鞠	局
粗宋体	究	揪	九	久	酒	拘	鞠	局

稚艺体	菊 橘 举 矩 句 巨 拒 具
珊瑚体	菊 橘 举 矩 句 巨 拒 具
精倩体	菊 橘 举 矩 句 巨 拒 具
弹簧体	菊 橘 举 矩 句 巨 拒 具
石头体	菊 橘 举 矩 句 巨 拒 具
霹雳体	菊 橘 举 矩 句 巨 拒 具
水管体	菊 橘 举 矩 句 巨 拒 具
花瓣体	菊 橘 举 矩 句 巨 拒 具
淹水体	菊 橘 举 矩 句 巨 拒 具
粗宋体	菊 橘 举 矩 句 巨 拒 具

稚艺体	俱 剧 惧 据 距 锯 聚 捐
珊瑚体	俱 剧 惧 据 距 锯 聚 捐
精倩体	俱 剧 惧 据 距 锯 聚 捐
弹簧体	俱 剧 惧 据 距 锯 聚 捐
石头体	俱 剧 惧 据 距 锯 聚 捐
霹雳体	俱 剧 惧 据 距 锯 聚 捐
水管体	俱 剧 惧 据 距 锯 聚 捐
花瓣体	俱 剧 惧 据 距 锯 聚 捐
淹水体	俱 剧 惧 据 距 锯 聚 捐
粗宋体	俱 剧 惧 据 距 锯 聚 捐

稚艺体	卷 倦 绢 决 绝 觉 掘 嚼
珊瑚体	卷 倦 绢 决 绝 觉 掘 嚼
精倩体	卷 倦 绢 决 绝 觉 掘 嚼
弹簧体	卷 倦 绢 决 绝 觉 掘 嚼
石头体	卷 倦 绢 决 绝 觉 掘 嚼
霹雳体	卷 倦 绢 决 绝 觉 掘 嚼
水管体	卷 倦 绢 决 绝 觉 掘 嚼
花瓣体	卷 倦 绢 决 绝 觉 掘 嚼
淹水体	卷 倦 绢 决 绝 觉 掘 嚼
粗宋体	卷 倦 绢 决 绝 觉 掘 嚼

稚艺体	军君均菌俊卡开凯
珊瑚体	军君均菌俊卡开凯
精倩体	军君均菌俊卡开凯
弹簧体	军君均菌俊卡开凯
石头体	军君均菌俊卡开凯
霹雳体	军君均菌俊卡开凯
水管体	军君均菌俊卡开凯
花瓣体	军君均菌俊卡开凯
淹水体	军君均菌俊卡开凯
粗宋体	军君均菌俊卡开凯

稚艺体	慨	刊	堪	砍	看	康	糠	扛
珊瑚体	慨	刊	堪	砍	看	康	糠	扛
精倩体	慨	刊	堪	砍	看	康	糠	扛
弹簧体	慨	刊	堪	砍	看	康	糠	扛
石头体	慨	刊	堪	砍	看	康	糠	扛
霹雳体	慨	刊	堪	砍	看	康	糠	扛
水管体	慨	刊	堪	砍	看	康	糠	扛
花瓣体	慨	刊	堪	砍	看	康	糠	扛
淹水体	慨	刊	堪	砍	看	康	糠	扛
粗宋体	慨	刊	堪	砍	看	康	糠	扛

稚艺体	抗	科	棵	颗	壳	咳	可 渴
珊瑚体	抗	科	棵	颗	壳	咳	可 渴
精倩体	抗	科	棵	颗	壳	咳	可 渴
弹簧体	抗	科	棵	颗	壳	咳	可 渴
石头体	抗	科	棵	颗	壳	咳	可 渴
霹雳体	抗	科	棵	颗	壳	咳	可 渴
水管体	抗	科	棵	颗	壳	咳	可 渴
花瓣体	抗	科	棵	颗	壳	咳	可 渴
淹水体	抗	科	棵	颗	壳	咳	可 渴
粗宋体	抗	科	棵	颗	壳	咳	可 渴

稚艺体	克	刻	客	课	肯	垦	恳	坑
珊瑚体	克	刻	客	课	肯	垦	恳	坑
精倩体	克	刻	客	课	肯	垦	恳	坑
弹簧体	克	刻	客	课	肯	垦	恳	坑
石头体	克	刻	客	课	肯	垦	恳	坑
霹雳体	克	刻	客	课	肯	垦	恳	坑
水管体	克	刻	客	课	肯	垦	恳	坑
花瓣体	克	刻	客	课	肯	垦	恳	坑
淹水体	克	刻	客	课	肯	垦	恳	坑
粗宋体	克	刻	客	课	肯	垦	恳	坑

稚艺体	空孔恐控口扣寇枯
珊瑚体	空孔恐控口扣寇枯
精倩体	空孔恐控口扣寇枯
弹簧体	空孔恐控口扣寇枯
石头体	空孔恐控口扣寇枯
霹雳体	空孔恐控口扣寇枯
水管体	空孔恐控口扣寇枯
花瓣体	空孔恐控口扣寇枯
淹水体	空孔恐控口扣寇枯
粗宋体	空孔恐控口扣寇枯

稚艺体	哭	苦	库	裤	酷	夸	垮	挎
珊瑚体	哭	苦	库	裤	酷	夸	垮	挎
精倩体	哭	苦	库	裤	酷	夸	垮	挎
弹簧体	哭	苦	库	裤	酷	夸	垮	挎
石头体	哭	苦	库	裤	酷	夸	垮	挎
霹雳体	哭	苦	库	裤	酷	夸	垮	挎
水管体	哭	苦	库	裤	酷	夸	垮	挎
花瓣体	哭	苦	库	裤	酷	夸	垮	挎
淹水体	哭	苦	库	裤	酷	夸	垮	挎
粗宋体	哭	苦	库	裤	酷	夸	垮	挎

稚艺体	跨块快宽款筐狂况
珊瑚体	跨块快宽款筐狂况
精倩体	跨块快宽款筐狂况
弹簧体	跨块快宽款筐狂况
石头体	跨块快宽款筐狂况
霹雳体	跨块快宽款筐狂况
水管体	跨块快宽款筐狂况
花瓣体	跨块快宽款筐狂况
淹水体	跨块快宽款筐狂况
粗宋体	跨块快宽款筐狂况

稚艺体	旷 矿 框 捆 困 扩 括 阔
珊瑚体	旷 矿 框 捆 困 扩 括 阔
精倩体	旷 矿 框 捆 困 扩 括 阔
弹簧体	旷 矿 框 捆 困 扩 括 阔
石头体	旷 矿 框 捆 困 扩 括 阔
霹雳体	旷 矿 框 捆 困 扩 括 阔
水管体	旷 矿 框 捆 困 扩 括 阔
花瓣体	旷 矿 框 捆 困 扩 括 阔
淹水体	旷 矿 框 捆 困 扩 括 阔
粗宋体	旷 矿 框 捆 困 扩 括 阔

稚艺体	垃 拉 啦 喇 腊 蜡 辣 来
珊瑚体	垃 拉 啦 喇 腊 蜡 辣 来
精倩体	垃 拉 啦 喇 腊 蜡 辣 来
弹簧体	垃 拉 啦 喇 腊 蜡 辣 来
石头体	垃 拉 啦 喇 腊 蜡 辣 来
霹雳体	垃 拉 啦 喇 腊 蜡 辣 来
水管体	垃 拉 啦 喇 腊 蜡 辣 来
花瓣体	拉 拉 啦 喇 腊 蜡 辣 来
淹水体	垃 拉 啦 喇 腊 蜡 辣 来
粗宋体	垃 拉 啦 喇 腊 蜡 辣 来

稚艺体	赖	兰	拦	栏	蓝	篮	览	懒
珊瑚体	赖	兰	拦	栏	蓝	篮	览	懒
精倩体	赖	兰	拦	栏	蓝	篮	览	懒
弹簧体	赖	兰	拦	栏	蓝	篮	览	懒
石头体	赖	兰	拦	栏	蓝	篮	览	懒
霹雳体	赖	兰	拦	栏	蓝	篮	览	懒
水管体	赖	兰	拦	栏	蓝	篮	览	懒
花瓣体	赖	兰	拦	栏	蓝	篮	览	懒
淹水体	赖	兰	拦	栏	蓝	篮	览	懒
粗宋体	赖	兰	拦	栏	蓝	篮	览	懒

稚艺体	烂	滥	郎	狼	廊	朗	浪	捞
珊瑚体	烂	滥	郎	狼	廊	朗	浪	捞
精倩体	烂	滥	郎	狼	廊	朗	浪	捞
弹簧体	烂	滥	郎	狼	廊	朗	浪	捞
石头体	烂	滥	郎	狼	廊	朗	浪	捞
霹雳体	烂	滥	郎	狼	廊	朗	浪	捞
水管体	烂	滥	郎	狼	廊	朗	浪	捞
花瓣体	烂	滥	郎	狼	廊	朗	浪	捞
淹水体	烂	滥	郎	狼	廊	朗	浪	捞
粗宋体	烂	滥	郎	狼	廊	朗	浪	捞

稚艺体	劳	牢	老	姥	涝	乐	勒	雷
珊瑚体	劳	牢	老	姥	涝	乐	勒	雷
精倩体	劳	牢	老	姥	涝	乐	勒	雷
弹簧体	劳	牢	老	姥	涝	乐	勒	雷
石头体	劳	牢	老	姥	涝	乐	勒	雷
霹雳体	劳	牢	老	姥	涝	乐	勒	雷
水管体	劳	牢	老	姥	涝	乐	勒	雷
花瓣体	劳	牢	老	姥	涝	乐	勒	雷
淹水体	劳	牢	老	姥	涝	乐	勒	雷
粗宋体	劳	牢	老	姥	涝	乐	勒	雷

坌	泪	类	累	冷	梨	狸	离
坌	泪	类	累	冷	梨	狸	离
坌	泪	类	累	冷	梨	狸	离
坌	泪	类	累	冷	梨	狸	离
坌	泪	类	累	冷	梨	狸	离
坌	泪	类	累	冷	梨	狸	离
坌	泪	类	累	冷	梨	狸	离
坌	泪	类	累	冷	梨	狸	离
坌	泪	类	累	冷	梨	狸	离
坌	泪	类	累	冷	梨	狸	离

稚艺体	犁	璃	黎	礼	李	里	理	力
珊瑚体	犁	璃	黎	礼	李	里	理	力
精倩体	犁	璃	黎	礼	李	里	理	力
弹簧体	犁	璃	黎	礼	李	里	理	力
石头体	犁	璃	黎	礼	李	里	理	力
霹雳体	犁	璃	黎	礼	李	里	理	力
水管体	犁	璃	黎	礼	李	里	理	力
花瓣体	犁	璃	黎	礼	李	里	理	力
淹水体	犁	璃	黎	礼	李	里	理	力
粗宋体	犁	璃	黎	礼	李	里	理	力

稚艺体	历	厉	立	丽	利	励	例	隶
珊瑚体	历	厉	立	丽	利	励	例	隶
精倩体	历	厉	立	丽	利	励	例	隶
弹簧体	历	厉	立	丽	利	励	例	隶
石头体	历	厉	立	丽	利	励	例	隶
霹雳体	历	厉	立	丽	利	励	例	隶
水管体	历	厉	立	丽	利	励	例	隶
花瓣体	历	厉	立	丽	利	励	例	隶
淹水体	历	厉	立	丽	利	励	例	隶
粗宋体	历	厉	立	丽	利	励	例	隶

稚艺体	栗	粒	俩	连	帘	怜	莲	联
珊瑚体	栗	粒	俩	连	帘	怜	莲	联
精倩体	栗	粒	俩	连	帘	怜	莲	联
弹簧体	栗	粒	俩	连	帘	怜	莲	联
石头体	栗	粒	俩	连	帘	怜	莲	联
霹雳体	栗	粒	俩	连	帘	怜	莲	联
水管体	栗	粒	俩	连	帘	怜	莲	联
花瓣体	栗	粒	俩	连	帘	怜	莲	联
淹水体	栗	粒	俩	连	帘	怜	莲	联
粗宋体	栗	粒	俩	连	帘	怜	莲	联

稚艺体	廉	镰	脸	练	炼	恋	链	良
珊瑚体	廉	镰	脸	练	炼	恋	链	良
精倩体	廉	镰	脸	练	炼	恋	链	良
弹簧体	廉	镰	脸	练	炼	恋	链	良
石头体	廉	镰	脸	练	炼	恋	链	良
霹雳体	廉	镰	脸	练	炼	恋	链	良
水管体	廉	镰	脸	练	炼	恋	链	良
花瓣体	廉	镰	脸	练	炼	恋	链	良
淹水体	廉	镰	脸	练	炼	恋	链	良
粗宋体	廉	镰	脸	练	炼	恋	链	良

稚艺体	凉	梁	粮	梁	两	亮	谅	辆
珊瑚体	凉	梁	粮	梁	两	亮	谅	辆
精倩体	凉	梁	粮	梁	两	亮	谅	辆
弹簧体	凉	梁	粮	梁	两	亮	谅	辆
石头体	凉	梁	粮	梁	两	亮	谅	辆
霹雳体	凉	梁	粮	梁	两	亮	谅	辆
水管体	凉	梁	粮	梁	两	亮	谅	辆
花瓣体	凉	梁	粮	梁	两	亮	谅	辆
淹水体	凉	梁	粮	梁	两	亮	谅	辆
粗宋体	凉	梁	粮	梁	两	亮	谅	辆

稚艺体	了	料	林	临	淋	伶	灵	岭
珊瑚体	了	料	林	临	淋	伶	灵	岭
精倩体	了	料	林	临	淋	伶	灵	岭
弹簧体	了	料	林	临	淋	伶	灵	岭
石头体	了	料	林	临	淋	伶	灵	岭
霹雳体	了	料	林	临	淋	伶	灵	岭
水管体	了	料	林	临	淋	伶	灵	岭
花瓣体	了	料	林	临	淋	伶	灵	岭
淹水体	了	料	林	临	淋	伶	灵	岭
粗宋体	了	料	林	临	淋	伶	灵	岭

稚艺体	铃陵零龄领令另溜
珊瑚体	铃陵零龄领令另溜
精倩体	铃陵零龄领令另溜
弹簧体	铃陵零龄领令另溜
石头体	铃陵零龄领令另溜
霹雳体	铃陵零龄领令另溜
水管体	铃陵零龄领令另溜
花瓣体	铃陵零龄领令另溜
淹水体	铃陵零龄领令另溜
粗宋体	铃陵零龄领令另溜

稚艺体	刘留榴柳 六龙笼聋
珊瑚体	刘留榴柳 六龙笼聋
精倩体	刘留榴柳 六龙笼聋
弹簧体	刘留榴柳 六龙笼聋
石头体	刘留榴柳 六龙笼聋
霹雳体	刘留榴柳 六龙笼聋
水管体	刘留榴柳 六龙笼聋
花瓣体	刘留榴柳 六龙笼聋
淹水体	刘留榴柳 六龙笼聋
粗宋体	刘留榴柳 六龙笼聋

稚艺体	隆	垄	拢	楼	搂	漏	露 芦
珊瑚体	隆	垄	拢	楼	搂	漏	露 芦
精倩体	隆	垄	拢	楼	搂	漏	露 芦
弹簧体	隆	垄	拢	楼	搂	漏	露 芦
石头体	隆	垄	拢	楼	搂	漏	露 芦
霹雳体	隆	垄	拢	楼	搂	漏	露 芦
水管体	隆	垄	拢	楼	搂	漏	露 芦
花瓣体	隆	垄	拢	楼	搂	漏	露 芦
淹水体	隆	垄	拢	楼	搂	漏	露 芦
粗宋体	隆	垄	拢	楼	搂	漏	露 芦

稚艺体	炉	虏	鲁	陆	录	鹿	滤	碌
珊瑚体	炉	虏	鲁	陆	录	鹿	滤	碌
精倩体	炉	虏	鲁	陆	录	鹿	滤	碌
弹簧体	炉	虏	鲁	陆	录	鹿	滤	碌
石头体	炉	虏	鲁	陆	录	鹿	滤	碌
霹雳体	炉	虏	鲁	陆	录	鹿	滤	碌
水管体	炉	虏	鲁	陆	录	鹿	滤	碌
花瓣体	炉	虏	鲁	陆	录	鹿	滤	碌
淹水体	炉	虏	鲁	陆	录	鹿	滤	碌
粗宋体	炉	虏	鲁	陆	录	鹿	滤	碌

稚艺体	路驴旅屡律虑率绿
珊瑚体	路驴旅屡律虑率绿
精倩体	路驴旅屡律虑率绿
弹簧体	路驴旅屡律虑率绿
石头体	路驴旅屡律虑率绿
霹雳体	路驴旅屡律虑率绿
水管体	路驴旅屡律虑率绿
花瓣体	路驴旅屡律虑率绿
淹水体	路驴旅屡律虑率绿
粗宋体	路驴旅屡律虑率绿

稚艺体	卵 乱 掠 略 轮 论 罗 萝
珊瑚体	卵 乱 掠 略 轮 论 罗 萝
精倩体	卵 乱 掠 略 轮 论 罗 萝
弹簧体	卵 乱 掠 略 轮 论 罗 萝
石头体	卵 乱 掠 略 轮 论 罗 萝
霹雳体	卵 乱 掠 略 轮 论 罗 萝
水管体	卵 乱 掠 略 轮 论 罗 萝
花瓣体	卵 乱 掠 略 轮 论 罗 萝
淹水体	卵 乱 掠 略 轮 论 罗 萝
粗宋体	卵 乱 掠 略 轮 论 罗 萝

稚艺体	锣 筚 骡 螺 络 骆 落 妈
珊瑚体	锣 筚 骡 螺 络 骆 落 妈
精倩体	锣 筚 骡 螺 络 骆 落 妈
弹簧体	锣 筚 骡 螺 络 骆 落 妈
石头体	锣 筚 骡 螺 络 骆 落 妈
霹雳体	锣 筚 骡 螺 络 骆 落 妈
水管体	锣 筚 骡 螺 络 骆 落 妈
花瓣体	锣 筚 骡 螺 络 骆 落 妈
淹水体	锣 筚 骡 螺 络 骆 落 妈
粗宋体	锣 筚 骡 螺 络 骆 落 妈

稚艺体	麻 马 码 蚂 骂 吗 埋 买
珊瑚体	麻 马 码 蚂 骂 吗 埋 买
精倩体	麻 马 码 蚂 骂 吗 埋 买
弹簧体	麻 马 码 蚂 骂 吗 埋 买
石头体	麻 马 码 蚂 骂 吗 埋 买
霹雳体	麻 马 码 蚂 骂 吗 埋 买
水管体	麻 马 码 蚂 骂 吗 埋 买
花瓣体	麻 马 码 蚂 骂 吗 埋 买
淹水体	麻 马 码 蚂 骂 吗 埋 买
粗宋体	麻 马 码 蚂 骂 吗 埋 买

稚艺体	迈	麦	卖	脉	蛮	馒	瞒	满
珊瑚体	迈	麦	卖	脉	蛮	馒	瞒	满
精倩体	迈	麦	卖	脉	蛮	馒	瞒	满
弹簧体	迈	麦	卖	脉	蛮	馒	瞒	满
石头体	迈	麦	卖	脉	蛮	馒	瞒	满
霹雳体	迈	麦	卖	脉	蛮	馒	瞒	满
水管体	迈	麦	卖	脉	蛮	馒	瞒	满
花瓣体	迈	麦	卖	脉	蛮	馒	瞒	满
淹水体	迈	麦	卖	脉	蛮	馒	瞒	满
粗宋体	迈	麦	卖	脉	蛮	馒	瞒	满

稚艺体	慢漫忙芒盲茫猫毛
珊瑚体	慢漫忙芒盲茫猫毛
精倩体	慢漫忙芒盲茫猫毛
弹簧体	慢漫忙芒盲茫猫毛
石头体	慢漫忙芒盲茫猫毛
霹雳体	慢漫忙芒盲茫猫毛
水管体	慢漫忙芒盲茫猫毛
花瓣体	慢漫忙芒盲茫猫毛
淹水体	慢漫忙芒盲茫猫毛
粗宋体	慢漫忙芒盲茫猫毛

稚艺体	矛	茅	茂	冒	贸	帽	貌	么
珊瑚体	矛	茅	茂	冒	贸	帽	貌	么
精倩体	矛	茅	茂	冒	贸	帽	貌	么
弹簧体	矛	茅	茂	冒	贸	帽	貌	么
石头体	矛	茅	茂	冒	贸	帽	貌	么
霹雳体	矛	茅	茂	冒	贸	帽	貌	么
水管体	矛	茅	茂	冒	贸	帽	貌	么
花瓣体	矛	茅	茂	冒	贸	帽	貌	么
淹水体	矛	茅	茂	冒	贸	帽	貌	么
粗宋体	矛	茅	茂	冒	贸	帽	貌	么

稚艺体	没	眉	梅	煤	霉	每	美	妹
珊瑚体	没	眉	梅	煤	霉	每	美	妹
精倩体	没	眉	梅	煤	霉	每	美	妹
弹簧体	没	眉	梅	煤	霉	每	美	妹
石头体	没	眉	梅	煤	霉	每	美	妹
霹雳体	没	眉	梅	煤	霉	每	美	妹
水管体	没	眉	梅	煤	霉	每	美	妹
花瓣体	没	眉	梅	煤	霉	每	美	妹
淹水体	没	眉	梅	煤	霉	每	美	妹
粗宋体	没	眉	梅	煤	霉	每	美	妹

稚艺体	门	闷	们	萌	盟	猛	蒙	孟
珊瑚体	门	闷	们	萌	盟	猛	蒙	孟
精倩体	门	闷	们	萌	盟	猛	蒙	孟
弹簧体	门	闷	们	萌	盟	猛	蒙	孟
石头体	门	闷	们	萌	盟	猛	蒙	孟
霹雳体	门	闷	们	萌	盟	猛	蒙	孟
水管体	门	闷	们	萌	盟	猛	蒙	孟
花瓣体	门	闷	们	萌	盟	猛	蒙	孟
淹水体	门	闷	们	萌	盟	猛	蒙	孟
粗宋体	门	闷	们	萌	盟	猛	蒙	孟

稚艺体	梦	迷	谜	米	眯	秘	密	蜜
珊瑚体	梦	迷	谜	米	眯	秘	密	蜜
精倩体	梦	迷	谜	米	眯	秘	密	蜜
弹簧体	梦	迷	谜	米	眯	秘	密	蜜
石头体	梦	迷	谜	米	眯	秘	密	蜜
霹雳体	梦	迷	谜	米	眯	秘	密	蜜
水管体	梦	迷	谜	米	眯	秘	密	蜜
花瓣体	梦	迷	谜	米	眯	秘	密	蜜
淹水体	梦	迷	谜	米	眯	秘	密	蜜
粗宋体	梦	迷	谜	米	眯	秘	密	蜜

稚艺体	眠绵棉免勉面苗描
珊瑚体	眠绵棉免勉面苗描
精倩体	眠绵棉免勉面苗描
弹簧体	眠绵棉免勉面苗描
石头体	眠绵棉免勉面苗描
霹雳体	眠绵棉免勉面苗描
水管体	眠绵棉免勉面苗描
花瓣体	眠绵棉免勉面苗描
淹水体	眠绵棉免勉面苗描
粗宋体	眠绵棉免勉面苗描

稚艺体	秒	妙	庙	灭	蔑	民	敏	名
珊瑚体	秒	妙	庙	灭	蔑	民	敏	名
精倩体	秒	妙	庙	灭	蔑	民	敏	名
弹簧体	秒	妙	庙	灭	蔑	民	敏	名
石头体	秒	妙	庙	灭	蔑	民	敏	名
霹雳体	秒	妙	庙	灭	蔑	民	敏	名
水管体	秒	妙	庙	灭	蔑	民	敏	名
花瓣体	秒	妙	庙	灭	蔑	民	敏	名
淹水体	秒	妙	庙	灭	蔑	民	敏	名
粗宋体	秒	妙	庙	灭	蔑	民	敏	名

稚艺体	明	鸣	命	摸	模	膜	摩	磨
珊瑚体	明	鸣	命	摸	模	膜	摩	磨
精倩体	明	鸣	命	摸	模	膜	摩	磨
弹簧体	明	鸣	命	摸	模	膜	摩	磨
石头体	明	鸣	命	摸	模	膜	摩	磨
霹雳体	明	鸣	命	摸	模	膜	摩	磨
水管体	明	鸣	命	摸	模	膜	摩	磨
花瓣体	明	鸣	命	摸	模	膜	摩	磨
淹水体	明	鸣	命	摸	模	膜	摩	磨
粗宋体	明	鸣	命	摸	模	膜	摩	磨

稚艺体	魔	抹	末	沫	莫	漠	墨	谋
珊瑚体	魔	抹	末	沫	莫	漠	墨	谋
精倩体	魔	抹	末	沫	莫	漠	墨	谋
弹簧体	魔	抹	末	沫	莫	漠	墨	谋
石头体	魔	抹	末	沫	莫	漠	墨	谋
霹雳体	魔	抹	末	沫	莫	漠	墨	谋
水管体	魔	抹	末	沫	莫	漠	墨	谋
花瓣体	魔	抹	末	沫	莫	漠	墨	谋
淹水体	魔	抹	末	沫	莫	漠	墨	谋
粗宋体	魔	抹	末	沫	莫	漠	墨	谋

稚艺体	某	母	宙	木	目	牧	墓	幕
珊瑚体	某	母	宙	木	目	牧	墓	幕
精倩体	某	母	宙	木	目	牧	墓	幕
弹簧体	某	母	宙	木	目	牧	墓	幕
石头体	某	母	宙	木	目	牧	墓	幕
霹雳体	某	母	宙	木	目	牧	墓	幕
水管体	某	母	宙	木	目	牧	墓	幕
花瓣体	某	母	宙	木	目	牧	墓	幕
淹水体	某	母	宙	木	目	牧	墓	幕
粗宋体	某	母	宙	木	目	牧	墓	幕

稚艺体	慕	暮	纳	奶	耐	男	南	难
珊瑚体	慕	暮	纳	奶	耐	男	南	难
精倩体	慕	暮	纳	奶	耐	男	南	难
弹簧体	慕	暮	纳	奶	耐	男	南	难
石头体	慕	暮	纳	奶	耐	男	南	难
霹雳体	慕	暮	纳	奶	耐	男	南	难
水管体	慕	暮	纳	奶	耐	男	南	难
花瓣体	慕	暮	纳	奶	耐	男	南	难
淹水体	慕	暮	纳	奶	耐	男	南	难
粗宋体	慕	暮	纳	奶	耐	男	南	难

稚艺体	囊	挠	恼	脑	闹	呢	嫩	能
珊瑚体	囊	挠	恼	脑	闹	呢	嫩	能
精倩体	囊	挠	恼	脑	闹	呢	嫩	能
弹簧体	囊	挠	恼	脑	闹	呢	嫩	能
石头体	囊	挠	恼	脑	闹	呢	嫩	能
霹雳体	囊	挠	恼	脑	闹	呢	嫩	能
水管体	囊	挠	恼	脑	闹	呢	嫩	能
花瓣体	囊	挠	恼	脑	闹	呢	嫩	能
淹水体	囊	挠	恼	脑	闹	呢	嫩	能
粗宋体	囊	挠	恼	脑	闹	呢	嫩	能

稚艺体	尼泥你逆年念娘酿
珊瑚体	尼泥你逆年念娘酿
精倩体	尼泥你逆年念娘酿
弹簧体	尼泥你逆年念娘酿
石头体	尼泥你逆年念娘酿
霹雳体	尼泥你逆年念娘酿
水管体	尼泥你逆年念娘酿
花瓣体	尼泥你逆年念娘酿
淹水体	尼泥你逆年念娘酿
粗宋体	尼泥你逆年念娘酿

稚艺体	鸟尿捏您宁凝牛扭
珊瑚体	鸟尿捏您宁凝牛扭
精倩体	鸟尿捏您宁凝牛扭
弹簧体	鸟尿捏您宁凝牛扭
石头体	鸟尿捏您宁凝牛扭
霹雳体	鸟尿捏您宁凝牛扭
水管体	鸟尿捏您宁凝牛扭
花瓣体	鸟尿捏您宁凝牛扭
淹水体	鸟尿捏您宁凝牛扭
粗宋体	鸟尿捏您宁凝牛扭

稚艺体	纽农浓弄奴努欧偶
珊瑚体	纽农浓弄奴努欧偶
精倩体	纽农浓弄奴努欧偶
弹簧体	纽农浓弄奴努欧偶
石头体	纽农浓弄奴努欧偶
霹雳体	纽农浓弄奴努欧偶
水管体	纽农浓弄奴努欧偶
花瓣体	纽农浓弄奴努欧偶
淹水体	纽农浓弄奴努欧偶
粗宋体	纽农浓弄奴努欧偶

稚艺体	趴	爬	怕	拍	排	牌	派	攀
珊瑚体	趴	爬	怕	拍	排	牌	派	攀
精倩体	趴	爬	怕	拍	排	牌	派	攀
弹簧体	趴	爬	怕	拍	排	牌	派	攀
石头体	趴	爬	怕	拍	排	牌	派	攀
霹雳体	趴	爬	怕	拍	排	牌	派	攀
水管体	趴	爬	怕	拍	排	牌	派	攀
花瓣体	趴	爬	怕	拍	排	牌	派	攀
淹水体	趴	爬	怕	拍	排	牌	派	攀
粗宋体	趴	爬	怕	拍	排	牌	派	攀

稚艺体	盘	判	叛	盼	兵	旁	胖	抛
珊瑚体	盘	判	叛	盼	兵	旁	胖	抛
精倩体	盘	判	叛	盼	兵	旁	胖	抛
弹簧体	盘	判	叛	盼	兵	旁	胖	抛
石头体	盘	判	叛	盼	兵	旁	胖	抛
霹雳体	盘	判	叛	盼	兵	旁	胖	抛
水管体	盘	判	叛	盼	兵	旁	胖	抛
花瓣体	盘	判	叛	盼	兵	旁	胖	抛
淹水体	盘	判	叛	盼	兵	旁	胖	抛
粗宋体	盘	判	叛	盼	兵	旁	胖	抛

稚艺体	炮袍跑泡陪培赔配
珊瑚体	炮袍跑泡陪培赔配
精倩体	炮袍跑泡陪培赔配
弹簧体	炮袍跑泡陪培赔配
石头体	炮袍跑泡陪培赔配
霹雳体	炮袍跑泡陪培赔配
水管体	炮袍跑泡陪培赔配
花瓣体	炮袍跑泡陪培赔配
淹水体	炮袍跑泡陪培赔配
粗宋体	炮袍跑泡陪培赔配

稚艺体	喷	盆	朋	棚	蓬	膨	捧	碰
珊瑚体	喷	盆	朋	棚	蓬	膨	捧	碰
精倩体	喷	盆	朋	棚	蓬	膨	捧	碰
弹簧体	喷	盆	朋	棚	蓬	膨	捧	碰
石头体	喷	盆	朋	棚	蓬	膨	捧	碰
霹雳体	喷	盆	朋	棚	蓬	膨	捧	碰
水管体	喷	盆	朋	棚	蓬	膨	捧	碰
花瓣体	喷	盆	朋	棚	蓬	膨	捧	碰
淹水体	喷	盆	朋	棚	蓬	膨	捧	碰
粗宋体	喷	盆	朋	棚	蓬	膨	捧	碰

稚艺体	批	披	劈	皮	疲	脾	匹	僻
珊瑚体	批	披	劈	皮	疲	脾	匹	僻
精倩体	批	披	劈	皮	疲	脾	匹	僻
弹簧体	批	披	劈	皮	疲	脾	匹	僻
石头体	批	披	劈	皮	疲	脾	匹	僻
霹雳体	批	披	劈	皮	疲	脾	匹	僻
水管体	批	披	劈	皮	疲	脾	匹	僻
花瓣体	批	披	劈	皮	疲	脾	匹	僻
淹水体	批	披	劈	皮	疲	脾	匹	僻
粗宋体	批	披	劈	皮	疲	脾	匹	僻

稚艺体	片	偏	篇	骗	漂	飘	票 撇
珊瑚体	片	偏	篇	骗	漂	飘	票 撇
精倩体	片	偏	篇	骗	漂	飘	票 撇
弹簧体	片	偏	篇	骗	漂	飘	票 撇
石头体	片	偏	篇	骗	漂	飘	票 撇
霹雳体	片	偏	篇	骗	漂	飘	票 撇
水管体	片	偏	篇	骗	漂	飘	票 撇
花瓣体	片	偏	篇	骗	漂	飘	票 撇
淹水体	片	偏	篇	骗	漂	飘	票 撇
粗宋体	片	偏	篇	骗	漂	飘	票 撇

稚艺体	拼 凭 坡 破 魄 剖 仆 扑
珊瑚体	拼 凭 坡 破 魄 剖 仆 扑
精倩体	拼 凭 坡 破 魄 剖 仆 扑
弹簧体	拼 凭 坡 破 魄 剖 仆 扑
石头体	拼 凭 坡 破 魄 剖 仆 扑
霹雳体	拼 凭 坡 破 魄 剖 仆 扑
水管体	拼 凭 坡 破 魄 剖 仆 扑
花瓣体	拼 凭 坡 破 魄 剖 仆 扑
淹水体	拼 凭 坡 破 魄 剖 仆 扑
粗宋体	拼 凭 坡 破 魄 剖 仆 扑

稚艺体	铺	葡	朴	普	谱	七	妻	戚
珊瑚体	铺	葡	朴	普	谱	七	妻	戚
精倩体	铺	葡	朴	普	谱	七	妻	戚
弹簧体	铺	葡	朴	普	谱	七	妻	戚
石头体	铺	葡	朴	普	谱	七	妻	戚
霹雳体	铺	葡	朴	普	谱	七	妻	戚
水管体	铺	葡	朴	普	谱	七	妻	戚
花瓣体	铺	葡	朴	普	谱	七	妻	戚
淹水体	铺	葡	朴	普	谱	七	妻	戚
粗宋体	铺	葡	朴	普	谱	七	妻	戚

稚艺体	期 欺 漆 齐 其 奇 骑 棋
珊瑚体	期 欺 漆 齐 其 奇 骑 棋
精倩体	期 欺 漆 齐 其 奇 骑 棋
弹簧体	期 欺 漆 齐 其 奇 骑 棋
石头体	期 欺 漆 齐 其 奇 骑 棋
霹雳体	期 欺 漆 齐 其 奇 骑 棋
水管体	期 欺 漆 齐 其 奇 骑 棋
花瓣体	期 欺 漆 齐 其 奇 骑 棋
淹水体	期 欺 漆 齐 其 奇 骑 棋
粗宋体	期 欺 漆 齐 其 奇 骑 棋

稚艺体	旗 乞 企 岂 启 起 气 弃
珊瑚体	旗 乞 企 岂 启 起 气 弃
精倩体	旗 乞 企 岂 启 起 气 弃
弹簧体	旗 乞 企 岂 启 起 气 弃
石头体	旗 乞 企 岂 启 起 气 弃
霹雳体	旗 乞 企 岂 启 起 气 弃
水管体	旗 乞 企 岂 启 起 气 弃
花瓣体	旗 乞 企 岂 启 起 气 弃
淹水体	旗 乞 企 岂 启 起 气 弃
粗宋体	旗 乞 企 岂 启 起 气 弃

稚艺体	汽砌器恰洽千迁牵
珊瑚体	汽砌器恰洽千迁牵
精倩体	汽砌器恰洽千迁牵
弹簧体	汽砌器恰洽千迁牵
石头体	汽砌器恰洽千迁牵
霹雳体	汽砌器恰洽千迁牵
水管体	汽砌器恰洽千迁牵
花瓣体	汽砌器恰洽千迁牵
淹水体	汽砌器恰洽千迁牵
粗宋体	汽砌器恰洽千迁牵

稚艺体	铅 谦 签 前 钱 钳 潜 浅
珊瑚体	铅 谦 签 前 钱 钳 潜 浅
精倩体	铅 谦 签 前 钱 钳 潜 浅
弹簧体	铅 谦 签 前 钱 钳 潜 浅
石头体	铅 谦 签 前 钱 钳 潜 浅
霹雳体	铅 谦 签 前 钱 钳 潜 浅
水管体	铅 谦 签 前 钱 钳 潜 浅
花瓣体	铅 谦 签 前 钱 钳 潜 浅
淹水体	铅 谦 签 前 钱 钳 潜 浅
粗宋体	铅 谦 签 前 钱 钳 潜 浅

稚艺体	遣 欠 歉 枪 腔 强 墙 抢
珊瑚体	遣 欠 歉 枪 腔 强 墙 抢
精倩体	遣 欠 歉 枪 腔 强 墙 抢
弹簧体	遣 欠 歉 枪 腔 强 墙 抢
石头体	遣 欠 歉 枪 腔 强 墙 抢
霹雳体	遣 欠 歉 枪 腔 强 墙 抢
水管体	遣 欠 歉 枪 腔 强 墙 抢
花瓣体	遣 欠 歉 枪 腔 强 墙 抢
淹水体	遣 欠 歉 枪 腔 强 墙 抢
粗宋体	遣 欠 歉 枪 腔 强 墙 抢

稚艺体	悄敲锹乔侨桥瞧巧
珊瑚体	悄敲锹乔侨桥瞧巧
精倩体	悄敲锹乔侨桥瞧巧
弹簧体	悄敲锹乔侨桥瞧巧
石头体	悄敲锹乔侨桥瞧巧
霹雳体	悄敲锹乔侨桥瞧巧
水管体	悄敲锹乔侨桥瞧巧
花瓣体	悄敲锹乔侨桥瞧巧
淹水体	悄敲锹乔侨桥瞧巧
粗宋体	悄敲锹乔侨桥瞧巧

稚艺体	切茄且窃亲侵芹琴
珊瑚体	切茄且窃亲侵芹琴
精倩体	切茄且窃亲侵芹琴
弹簧体	切茄且窃亲侵芹琴
石头体	切茄且窃亲侵芹琴
霹雳体	切茄且窃亲侵芹琴
水管体	切茄且窃亲侵芹琴
花瓣体	切茄且窃亲侵芹琴
淹水体	切茄且窃亲侵芹琴
粗宋体	切茄且窃亲侵芹琴

稚艺体	禽 勤 青 轻 倾 清 蜻 情
珊瑚体	禽 勤 青 轻 倾 清 蜻 情
精倩体	禽 勤 青 轻 倾 清 蜻 情
弹簧体	禽 勤 青 轻 倾 清 蜻 情
石头体	禽 勤 青 轻 倾 清 蜻 情
霹雳体	禽 勤 青 轻 倾 清 蜻 情
水管体	禽 勤 青 轻 倾 清 蜻 情
花瓣体	禽 勤 青 轻 倾 清 蜻 情
淹水体	禽 勤 青 轻 倾 清 蜻 情
粗宋体	禽 勤 青 轻 倾 清 蜻 情

稚艺体	晴顷请庆穷丘秋求
珊瑚体	晴顷请庆穷丘秋求
精倩体	晴顷请庆穷丘秋求
弹簧体	晴顷请庆穷丘秋求
石头体	晴顷请庆穷丘秋求
霹雳体	晴顷请庆穷丘秋求
水管体	晴顷请庆穷丘秋求
花瓣体	晴顷请庆穷丘秋求
淹水体	晴顷请庆穷丘秋求
粗宋体	晴顷请庆穷丘秋求

稚艺体	球	区	曲	驱	屈	趋	渠	取
珊瑚体	球	区	曲	驱	屈	趋	渠	取
精倩体	球	区	曲	驱	屈	趋	渠	取
弹簧体	球	区	曲	驱	屈	趋	渠	取
石头体	球	区	曲	驱	屈	趋	渠	取
霹雳体	球	区	曲	驱	屈	趋	渠	取
水管体	球	区	曲	驱	屈	趋	渠	取
花瓣体	球	区	曲	驱	屈	趋	渠	取
淹水体	球	区	曲	驱	屈	趋	渠	取
粗宋体	球	区	曲	驱	屈	趋	渠	取

稚艺体	去趣圈全权泉拳犬
珊瑚体	去趣圈全权泉拳犬
精倩体	去趣圈全权泉拳犬
弹簧体	去趣圈全权泉拳犬
石头体	去趣圈全权泉拳犬
霹雳体	去趣圈全权泉拳犬
水管体	去趣圈全权泉拳犬
花瓣体	去趣圈全权泉拳犬
淹水体	去趣圈全权泉拳犬
粗宋体	去趣圈全权泉拳犬

稚艺体	劝	券	缺	却	雀	确	鹊	裙
珊瑚体	劝	券	缺	却	雀	确	鹊	裙
精倩体	劝	券	缺	却	雀	确	鹊	裙
弹簧体	劝	券	缺	却	雀	确	鹊	裙
石头体	劝	券	缺	却	雀	确	鹊	裙
霹雳体	劝	券	缺	却	雀	确	鹊	裙
水管体	劝	券	缺	却	雀	确	鹊	裙
花瓣体	劝	券	缺	却	雀	确	鹊	裙
淹水体	劝	券	缺	却	雀	确	鹊	裙
粗宋体	劝	券	缺	却	雀	确	鹊	裙

稚艺体	群	然	燃	染	嚷	壤	让	饶
珊瑚体	群	然	燃	染	嚷	壤	让	饶
精倩体	群	然	燃	染	嚷	壤	让	饶
弹簧体	群	然	燃	染	嚷	壤	让	饶
石头体	群	然	燃	染	嚷	壤	让	饶
霹雳体	群	然	燃	染	嚷	壤	让	饶
水管体	群	然	燃	染	嚷	壤	让	饶
花瓣体	群	然	燃	染	嚷	壤	让	饶
淹水体	群	然	燃	染	嚷	壤	让	饶
粗宋体	群	然	燃	染	嚷	壤	让	饶

稚艺体	扰绕惹热人仁忍刃
珊瑚体	扰绕惹热人仁忍刃
精倩体	扰绕惹热人仁忍刃
弹簧体	扰绕惹热人仁忍刃
石头体	扰绕惹热人仁忍刃
霹雳体	扰绕惹热人仁忍刃
水管体	扰绕惹热人仁忍刃
花瓣体	扰绕惹热人仁忍刃
淹水体	扰绕惹热人仁忍刃
粗宋体	扰绕惹热人仁忍刃

稚艺体	认任扔仍日绒揉肉
珊瑚体	认任扔仍日绒揉肉
精倩体	认任扔仍日绒揉肉
弹簧体	认任扔仍日绒揉肉
石头体	认任扔仍日绒揉肉
霹雳体	认任扔仍日绒揉肉
水管体	认任扔仍日绒揉肉
花瓣体	认任扔仍日绒揉肉
淹水体	认任扔仍日绒揉肉
粗宋体	认任扔仍日绒揉肉

稚艺体	如乳辱入软锐瑞润
珊瑚体	如乳辱入软锐瑞润
精倩体	如乳辱入软锐瑞润
弹簧体	如乳辱入软锐瑞润
石头体	如乳辱入软锐瑞润
霹雳体	如乳辱入软锐瑞润
水管体	如乳辱入软锐瑞润
花瓣体	如乳辱入软锐瑞润
淹水体	如乳辱入软锐瑞润
粗宋体	如乳辱入软锐瑞润

稚艺体	若	弱	撒	洒	塞	赛	三	伞
珊瑚体	若	弱	撒	洒	塞	赛	三	伞
精倩体	若	弱	撒	洒	塞	赛	三	伞
弹簧体	若	弱	撒	洒	塞	赛	三	伞
石头体	若	弱	撒	洒	塞	赛	三	伞
霹雳体	若	弱	撒	洒	塞	赛	三	伞
水管体	若	弱	撒	洒	塞	赛	三	伞
花瓣体	若	弱	撒	洒	塞	赛	三	伞
淹水体	若	弱	撒	洒	塞	赛	三	伞
粗宋体	若	弱	撒	洒	塞	赛	三	伞

稚艺体	散	桑	嗓	丧	扫	嫂	色	森
珊瑚体	散	桑	嗓	丧	扫	嫂	色	森
精倩体	散	桑	嗓	丧	扫	嫂	色	森
弹簧体	散	桑	嗓	丧	扫	嫂	色	森
石头体	散	桑	嗓	丧	扫	嫂	色	森
霹雳体	散	桑	嗓	丧	扫	嫂	色	森
水管体	散	桑	嗓	丧	扫	嫂	色	森
花瓣体	散	桑	嗓	丧	扫	嫂	色	森
淹水体	散	桑	嗓	丧	扫	嫂	色	森
粗宋体	散	桑	嗓	丧	扫	嫂	色	森

稚艺体	杀 沙 纱 傻 筛 晒 山 删
珊瑚体	杀 沙 纱 傻 筛 晒 山 删
精倩体	杀 沙 纱 傻 筛 晒 山 删
弹簧体	杀 沙 纱 傻 筛 晒 山 删
石头体	杀 沙 纱 傻 筛 晒 山 删
霹雳体	杀 沙 纱 傻 筛 晒 山 删
水管体	杀 沙 纱 傻 筛 晒 山 删
花瓣体	杀 沙 纱 傻 筛 晒 山 删
淹水体	杀 沙 纱 傻 筛 晒 山 删
粗宋体	杀 沙 纱 傻 筛 晒 山 删

稚艺体	衫	闪	陕	扇	善	伤	商	裳
珊瑚体	衫	闪	陕	扇	善	伤	商	裳
精倩体	衫	闪	陕	扇	善	伤	商	裳
弹簧体	衫	闪	陕	扇	善	伤	商	裳
石头体	衫	闪	陕	扇	善	伤	商	裳
霹雳体	衫	闪	陕	扇	善	伤	商	裳
水管体	衫	闪	陕	扇	善	伤	商	裳
花瓣体	衫	闪	陕	扇	善	伤	商	裳
淹水体	衫	闪	陕	扇	善	伤	商	裳
粗宋体	衫	闪	陕	扇	善	伤	商	裳

稚艺体	晌	赏	上	尚	捎	梢	烧	稍
珊瑚体	晌	赏	上	尚	捎	梢	烧	稍
精倩体	晌	赏	上	尚	捎	梢	烧	稍
弹簧体	晌	赏	上	尚	捎	梢	烧	稍
石头体	晌	赏	上	尚	捎	梢	烧	稍
霹雳体	晌	赏	上	尚	捎	梢	烧	稍
水管体	晌	赏	上	尚	捎	梢	烧	稍
花瓣体	晌	赏	上	尚	捎	梢	烧	稍
淹水体	晌	赏	上	尚	捎	梢	烧	稍
粗宋体	晌	赏	上	尚	捎	梢	烧	稍

稚艺体	勺少·绍哨舌蛇舍伸
珊瑚体	勺少绍哨舌蛇舍伸
精倩体	勺少绍哨舌蛇舍伸
弹簧体	勺少绍哨舌蛇舍伸
石头体	勺少绍哨舌蛇舍伸
霹雳体	勺少绍哨舌蛇舍伸
水管体	勺少绍哨舌蛇舍伸
花瓣体	勺少绍哨舌蛇舍伸
淹水体	勺少绍哨舌蛇舍伸
粗宋体	勺少绍哨舌蛇舍伸

稚艺体	身	深	神	沈	审	婶	肾	甚
珊瑚体	身	深	神	沈	审	婶	肾	甚
精倩体	身	深	神	沈	审	婶	肾	甚
弹簧体	身	深	神	沈	审	婶	肾	甚
石头体	身	深	神	沈	审	婶	肾	甚
霹雳体	身	深	神	沈	审	婶	肾	甚
水管体	身	深	神	沈	审	婶	肾	甚
花瓣体	身	深	神	沈	审	婶	肾	甚
淹水体	身	深	神	沈	审	婶	肾	甚
粗宋体	身	深	神	沈	审	婶	肾	甚

稚艺体	渗慎升生声牲胜绳
珊瑚体	渗慎升生声牲胜绳
精倩体	渗慎升生声牲胜绳
弹簧体	渗慎升生声牲胜绳
石头体	渗慎升生声牲胜绳
霹雳体	渗慎升生声牲胜绳
水管体	渗慎升生声牲胜绳
花瓣体	渗慎升生声牲胜绳
淹水体	渗慎升生声牲胜绳
粗宋体	渗慎升生声牲胜绳

稚艺体	省	圣	盛	剩	尸	失	师	诗
珊瑚体	省	圣	盛	剩	尸	失	师	诗
精倩体	省	圣	盛	剩	尸	失	师	诗
弹簧体	省	圣	盛	剩	尸	失	师	诗
石头体	省	圣	盛	剩	尸	失	师	诗
霹雳体	省	圣	盛	剩	尸	失	师	诗
水管体	省	圣	盛	剩	尸	失	师	诗
花瓣体	省	圣	盛	剩	尸	失	师	诗
淹水体	省	圣	盛	剩	尸	失	师	诗
粗宋体	省	圣	盛	剩	尸	失	师	诗

稚艺体	施	狮	湿	十	什	实	拾	蚀
珊瑚体	施	狮	湿	十	什	实	拾	蚀
精倩体	施	狮	湿	十	什	实	拾	蚀
弹簧体	施	狮	湿	十	什	实	拾	蚀
石头体	施	狮	湿	十	什	实	拾	蚀
霹雳体	施	狮	湿	十	什	实	拾	蚀
水管体	施	狮	湿	十	什	实	拾	蚀
花瓣体	施	狮	湿	十	什	实	拾	蚀
淹水体	施	狮	湿	十	什	实	拾	蚀
粗宋体	施	狮	湿	十	什	实	拾	蚀

稚艺体	食	史	使	始	驶	士	氏	世
珊瑚体	食	史	使	始	驶	士	氏	世
精倩体	食	史	使	始	驶	士	氏	世
弹簧体	食	史	使	始	驶	士	氏	世
石头体	食	史	使	始	驶	士	氏	世
霹雳体	食	史	使	始	驶	士	氏	世
水管体	食	史	使	始	驶	士	氏	世
花瓣体	食	史	使	始	驶	士	氏	世
淹水体	食	史	使	始	驶	士	氏	世
粗宋体	食	史	使	始	驶	士	氏	世

稚艺体	市 示 式 事 侍 势 视 试
珊瑚体	市 示 式 事 侍 势 视 试
精倩体	市 示 式 事 侍 势 视 试
弹簧体	市 示 式 事 侍 势 视 试
石头体	市 示 式 事 侍 势 视 试
霹雳体	市 示 式 事 侍 势 视 试
水管体	市 示 式 事 侍 势 视 试
花瓣体	市 示 式 事 侍 势 视 试
淹水体	市 示 式 事 侍 势 视 试
粗宋体	市 示 式 事 侍 势 视 试

稚艺体	饰	室	是	柿	适	逝	释	受
珊瑚体	饰	室	是	柿	适	逝	释	受
精倩体	饰	室	是	柿	适	逝	释	受
弹簧体	饰	室	是	柿	适	逝	释	受
石头体	饰	室	是	柿	适	逝	释	受
霹雳体	饰	室	是	柿	适	逝	释	受
水管体	饰	室	是	柿	适	逝	释	受
花瓣体	饰	室	是	柿	适	逝	释	受
淹水体	饰	室	是	柿	适	逝	释	受
粗宋体	饰	室	是	柿	适	逝	释	受

稚艺体	兽	售	授	瘦	书	叔	殊	梳
珊瑚体	兽	售	授	瘦	书	叔	殊	梳
精倩体	兽	售	授	瘦	书	叔	殊	梳
弹簧体	兽	售	授	瘦	书	叔	殊	梳
石头体	兽	售	授	瘦	书	叔	殊	梳
霹雳体	兽	售	授	瘦	书	叔	殊	梳
水管体	兽	售	授	瘦	书	叔	殊	梳
花瓣体	兽	售	授	瘦	书	叔	殊	梳
淹水体	兽	售	授	瘦	书	叔	殊	梳
粗宋体	兽	售	授	瘦	书	叔	殊	梳

稚艺体	疏	舒	输	蔬	熟	暑	鼠	薯
珊瑚体	疏	舒	输	蔬	熟	暑	鼠	薯
精倩体	疏	舒	输	蔬	熟	暑	鼠	薯
弹簧体	疏	舒	输	蔬	熟	暑	鼠	薯
石头体	疏	舒	输	蔬	熟	暑	鼠	薯
霹雳体	疏	舒	输	蔬	熟	暑	鼠	薯
水管体	疏	舒	输	蔬	熟	暑	鼠	薯
花瓣体	疏	舒	输	蔬	熟	暑	鼠	薯
淹水体	疏	舒	输	蔬	熟	暑	鼠	薯
粗宋体	疏	舒	输	蔬	熟	暑	鼠	薯

稚艺体	术 束 述 树 竖 数 刷 耍
珊瑚体	术 束 述 树 竖 数 刷 耍
精倩体	术 束 述 树 竖 数 刷 耍
弹簧体	术 束 述 树 竖 数 刷 耍
石头体	术 束 述 树 竖 数 刷 耍
霹雳体	术 束 述 树 竖 数 刷 耍
水管体	术 束 述 树 竖 数 刷 耍
花瓣体	术 束 述 树 竖 数 刷 耍
淹水体	术 束 述 树 竖 数 刷 耍
粗宋体	术 束 述 树 竖 数 刷 耍

稚艺体	衰	摔	甩	帅	拴	双	霜	爽
珊瑚体	衰	摔	甩	帅	拴	双	霜	爽
精倩体	衰	摔	甩	帅	拴	双	霜	爽
弹簧体	衰	摔	甩	帅	拴	双	霜	爽
石头体	衰	摔	甩	帅	拴	双	霜	爽
霹雳体	衰	摔	甩	帅	拴	双	霜	爽
水管体	衰	摔	甩	帅	拴	双	霜	爽
花瓣体	衰	摔	甩	帅	拴	双	霜	爽
淹水体	衰	摔	甩	帅	拴	双	霜	爽
粗宋体	衰	摔	甩	帅	拴	双	霜	爽

稚艺体	谁 水 税 睡 顺 说 嗽 丝
珊瑚体	谁 水 税 睡 顺 说 嗽 丝
精倩体	谁 水 税 睡 顺 说 嗽 丝
弹簧体	谁 水 税 睡 顺 说 嗽 丝
石头体	谁 水 税 睡 顺 说 嗽 丝
霹雳体	谁 水 税 睡 顺 说 嗽 丝
水管体	谁 水 税 睡 顺 说 嗽 丝
花瓣体	谁 水 税 睡 顺 说 嗽 丝
淹水体	谁 水 税 睡 顺 说 嗽 丝
粗宋体	谁 水 税 睡 顺 说 嗽 丝

稚艺体	司	私	思	斯	撕	死	四	寺
珊瑚体	司	私	思	斯	撕	死	四	寺
精倩体	司	私	思	斯	撕	死	四	寺
弹簧体	司	私	思	斯	撕	死	四	寺
石头体	司	私	思	斯	撕	死	四	寺
霹雳体	司	私	思	斯	撕	死	四	寺
水管体	司	私	思	斯	撕	死	四	寺
花瓣体	司	私	思	斯	撕	死	四	寺
淹水体	司	私	思	斯	撕	死	四	寺
粗宋体	司	私	思	斯	撕	死	四	寺

稚艺体	似 饲 肆 松 宋 诵 送 颂
珊瑚体	似 饲 肆 松 宋 诵 送 颂
精倩体	似 饲 肆 松 宋 诵 送 颂
弹簧体	似 饲 肆 松 宋 诵 送 颂
石头体	似 饲 肆 松 宋 诵 送 颂
霹雳体	似 饲 肆 松 宋 诵 送 颂
水管体	似 饲 肆 松 宋 诵 送 颂
花瓣体	似 饲 肆 松 宋 诵 送 颂
淹水体	似 饲 肆 松 宋 诵 送 颂
粗宋体	似 饲 肆 松 宋 诵 送 颂

稚艺体	搜艘苏俗诉肃素速
珊瑚体	搜艘苏俗诉肃素速
精倩体	搜艘苏俗诉肃素速
弹簧体	搜艘苏俗诉肃素速
石头体	搜艘苏俗诉肃素速
霹雳体	搜艘苏俗诉肃素速
水管体	搜艘苏俗诉肃素速
花瓣体	搜艘苏俗诉肃素速
淹水体	搜艘苏俗诉肃素速
粗宋体	搜艘苏俗诉肃素速

稚艺体	宿	塑	酸	蒜	算	虽	随	岁
珊瑚体	宿	塑	酸	蒜	算	虽	随	岁
精倩体	宿	塑	酸	蒜	算	虽	随	岁
弹簧体	宿	塑	酸	蒜	算	虽	随	岁
石头体	宿	塑	酸	蒜	算	虽	随	岁
霹雳体	宿	塑	酸	蒜	算	虽	随	岁
水管体	宿	塑	酸	蒜	算	虽	随	岁
花瓣体	宿	塑	酸	蒜	算	虽	随	岁
淹水体	宿	塑	酸	蒜	算	虽	随	岁
粗宋体	宿	塑	酸	蒜	算	虽	随	岁

稚艺体	碎	穗	孙	索	锁	他	它	塌
珊瑚体	碎	穗	孙	索	锁	他	它	塌
精倩体	碎	穗	孙	索	锁	他	它	塌
弹簧体	碎	穗	孙	索	锁	他	它	塌
石头体	碎	穗	孙	索	锁	他	它	塌
霹雳体	碎	穗	孙	索	锁	他	它	塌
水管体	碎	穗	孙	索	锁	他	它	塌
花瓣体	碎	穗	孙	索	锁	他	它	塌
淹水体	碎	穗	孙	索	锁	他	它	塌
粗宋体	碎	穗	孙	索	锁	他	它	塌

稚艺体	塔 踏 台 抬 太 态 泰 贪
珊瑚体	塔 踏 台 抬 太 态 泰 贪
精倩体	塔 踏 台 抬 太 态 泰 贪
弹簧体	塔 踏 台 抬 太 态 泰 贪
石头体	塔 踏 台 抬 太 态 泰 贪
霹雳体	塔 踏 台 抬 太 态 泰 贪
水管体	塔 踏 台 抬 太 态 泰 贪
花瓣体	塔 踏 台 抬 太 态 泰 贪
淹水体	塔 踏 台 抬 太 态 泰 贪
粗宋体	塔 踏 台 抬 太 态 泰 贪

稚艺体	摊滩坛谈痰坦毯叹
珊瑚体	摊滩坛谈痰坦毯叹
精倩体	摊滩坛谈痰坦毯叹
弹簧体	摊滩坛谈痰坦毯叹
石头体	摊滩坛谈痰坦毯叹
霹雳体	摊滩坛谈痰坦毯叹
水管体	摊滩坛谈痰坦毯叹
花瓣体	摊滩坛谈痰坦毯叹
淹水体	摊滩坛谈痰坦毯叹
粗宋体	摊滩坛谈痰坦毯叹

稚艺体	炭	探	汤	唐	堂	塘	膛	糖
珊瑚体	炭	探	汤	唐	堂	塘	膛	糖
精倩体	炭	探	汤	唐	堂	塘	膛	糖
弹簧体	炭	探	汤	唐	堂	塘	膛	糖
石头体	炭	探	汤	唐	堂	塘	膛	糖
霹雳体	炭	探	汤	唐	堂	塘	膛	糖
水管体	炭	探	汤	唐	堂	塘	膛	糖
花瓣体	炭	探	汤	唐	堂	塘	膛	糖
淹水体	炭	探	汤	唐	堂	塘	膛	糖
粗宋体	炭	探	汤	唐	堂	塘	膛	糖

稚艺体	俏 躺 烫 趟 涛 掏 滔 逃
珊瑚体	俏 躺 烫 趟 涛 掏 滔 逃
精倩体	俏 躺 烫 趟 涛 掏 滔 逃
弹簧体	俏 躺 烫 趟 涛 掏 滔 逃
石头体	俏 躺 烫 趟 涛 掏 滔 逃
霹雳体	俏 躺 烫 趟 涛 掏 滔 逃
水管体	俏 躺 烫 趟 涛 掏 滔 逃
花瓣体	俏 躺 烫 趟 涛 掏 滔 逃
淹水体	俏 躺 烫 趟 涛 掏 滔 逃
粗宋体	俏 躺 烫 趟 涛 掏 滔 逃

稚艺体	桃	陶	淘	萄	讨	套	特	疼
珊瑚体	桃	陶	淘	萄	讨	套	特	疼
精倩体	桃	陶	淘	萄	讨	套	特	疼
弹簧体	桃	陶	淘	萄	讨	套	特	疼
石头体	桃	陶	淘	萄	讨	套	特	疼
霹雳体	桃	陶	淘	萄	讨	套	特	疼
水管体	桃	陶	淘	萄	讨	套	特	疼
花瓣体	桃	陶	淘	萄	讨	套	特	疼
淹水体	桃	陶	淘	萄	讨	套	特	疼
粗宋体	桃	陶	淘	萄	讨	套	特	疼

稚艺体	腾 梯 踢 提 题 蹄 体 剃
珊瑚体	腾 梯 踢 提 题 蹄 体 剃
精倩体	腾 梯 踢 提 题 蹄 体 剃
弹簧体	腾 梯 踢 提 题 蹄 体 剃
石头体	腾 梯 踢 提 题 蹄 体 剃
霹雳体	腾 梯 踢 提 题 蹄 体 剃
水管体	腾 梯 踢 提 题 蹄 体 剃
花瓣体	腾 梯 踢 提 题 蹄 体 剃
淹水体	腾 梯 踢 提 题 蹄 体 剃
粗宋体	腾 梯 踢 提 题 蹄 体 剃

稚艺体	惕替天添田甜铁帖
珊瑚体	惕替天添田甜铁帖
精倩体	惕替天添田甜铁帖
弹簧体	惕替天添田甜铁帖
石头体	惕替天添田甜铁帖
霹雳体	惕替天添田甜铁帖
水管体	惕替天添田甜铁帖
花瓣体	惕替天添田甜铁帖
淹水体	惕替天添田甜铁帖
粗宋体	惕替天添田甜铁帖

稚艺体	厅	听	亭	庭	停	蜓	挺	艇
珊瑚体	厅	听	亭	庭	停	蜓	挺	艇
精倩体	厅	听	亭	庭	停	蜓	挺	艇
弹簧体	厅	听	亭	庭	停	蜓	挺	艇
石头体	厅	听	亭	庭	停	蜓	挺	艇
霹雳体	厅	听	亭	庭	停	蜓	挺	艇
水管体	厅	听	亭	庭	停	蜓	挺	艇
花瓣体	厅	听	亭	庭	停	蜓	挺	艇
淹水体	厅	听	亭	庭	停	蜓	挺	艇
粗宋体	厅	听	亭	庭	停	蜓	挺	艇

稚艺体	通同桐铜童统桶筒
珊瑚体	通同桐铜童统桶筒
精倩体	通同桐铜童统桶筒
弹簧体	通同桐铜童统桶筒
石头体	通同桐铜童统桶筒
霹雳体	通同桐铜童统桶筒
水管体	通同桐铜童统桶筒
花瓣体	通同桐铜童统桶筒
淹水体	通同桐铜童统桶筒
粗宋体	通同桐铜童统桶筒

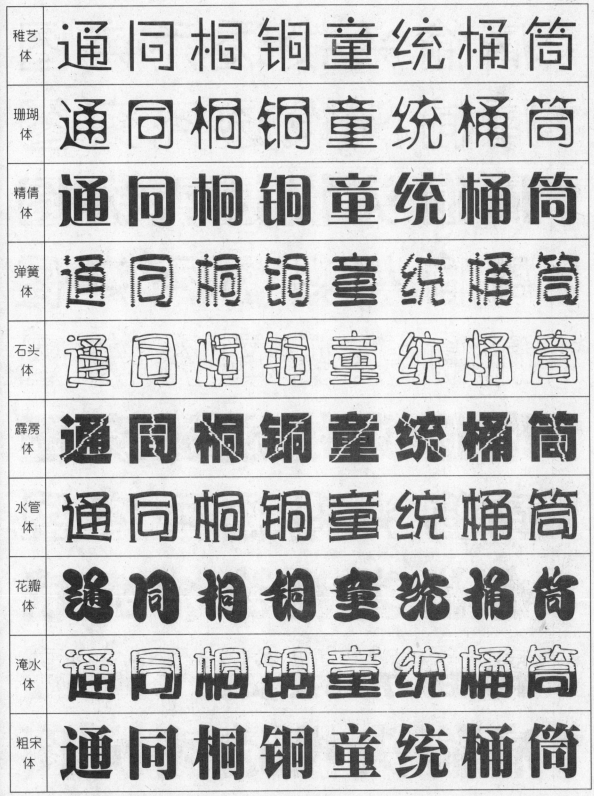

稚艺体	痛 偷 头 投 透 秃 突 图
珊瑚体	痛 偷 头 投 透 秃 突 图
精倩体	痛 偷 头 投 透 秃 突 图
弹簧体	痛 偷 头 投 透 秃 突 图
石头体	痛 偷 头 投 透 秃 突 图
霹雳体	痛 偷 头 投 透 秃 突 图
水管体	痛 偷 头 投 透 秃 突 图
花瓣体	痛 偷 头 投 透 秃 突 图
淹水体	痛 偷 头 投 透 秃 突 图
粗宋体	痛 偷 头 投 透 秃 突 图

稚艺体	徒途屠土吐兔团推
珊瑚体	徒途屠土吐兔团推
精倩体	徒途屠土吐兔团推
弹簧体	徒途屠土吐兔团推
石头体	徒途屠土吐兔团摧
霹雳体	徒途屠土吐兔团推
水管体	徒途屠土吐兔团推
花瓣体	徒途屠土吐兔团推
淹水体	徒途屠土吐兔团推
粗宋体	徒途屠土吐兔团推

稚艺体	腿退吞屯托拖脱驼
珊瑚体	腿退吞屯托拖脱驼
精倩体	腿退吞屯托拖脱驼
弹簧体	腿退吞屯托拖脱驼
石头体	腿退吞屯托拖脱驼
霹雳体	腿退吞屯托拖脱驼
水管体	腿退吞屯托拖脱驼
花瓣体	腿退吞屯托拖脱驼
淹水体	腿退吞屯托拖脱驼
粗宋体	腿退吞屯托拖脱驼

稚艺体	妥	娃	挖	蛙	瓦	袜	歪	外
珊瑚体	妥	娃	挖	蛙	瓦	袜	歪	外
精倩体	妥	娃	挖	蛙	瓦	袜	歪	外
弹簧体	妥	娃	挖	蛙	瓦	袜	歪	外
石头体	妥	娃	挖	蛙	瓦	袜	歪	外
霹雳体	妥	娃	挖	蛙	瓦	袜	歪	外
水管体	妥	娃	挖	蛙	瓦	袜	歪	外
花瓣体	妥	娃	挖	蛙	瓦	袜	歪	外
淹水体	妥	娃	挖	蛙	瓦	袜	歪	外
粗宋体	妥	娃	挖	蛙	瓦	袜	歪	外

稚艺体	弯湾丸完玩顽挽晚
珊瑚体	弯湾丸完玩顽挽晚
精倩体	弯湾丸完玩顽挽晚
弹簧体	弯湾丸完玩顽挽晚
石头体	弯湾丸完玩顽挽晚
霹雳体	弯湾丸完玩顽挽晚
水管体	弯湾丸完玩顽挽晚
花瓣体	弯湾丸完玩顽挽晚
淹水体	弯湾丸完玩顽挽晚
粗宋体	弯湾丸完玩顽挽晚

稚艺体	碗 万 汪 亡 王 网 往 妄
珊瑚体	碗 万 汪 亡 王 网 往 妄
精倩体	碗 万 汪 亡 王 网 往 妄
弹簧体	碗 万 汪 亡 王 网 往 妄
石头体	碗 万 汪 亡 王 网 往 妄
霹雳体	碗 万 汪 亡 王 网 往 妄
水管体	碗 万 汪 亡 王 网 往 妄
花瓣体	碗 万 汪 亡 王 网 往 妄
淹水体	碗 万 汪 亡 王 网 往 妄
粗宋体	碗 万 汪 亡 王 网 往 妄

稚艺体	忘旺望危威微为围
珊瑚体	忘旺望危威微为围
精倩体	忘旺望危威微为围
弹簧体	忘旺望危威微为围
石头体	忘旺望危威微为围
霹雳体	忘旺望危威微为围
水管体	忘旺望危威微为围
花瓣体	忘旺望危威微为围
淹水体	忘旺望危威微为围
粗宋体	忘旺望危威微为围

稚艺体	违唯维伟伪尾委卫
珊瑚体	违唯维伟伪尾委卫
精倩体	违唯维伟伪尾委卫
弹簧体	违唯维伟伪尾委卫
石头体	违唯维伟伪尾委卫
霹雳体	违唯维伟伪尾委卫
水管体	违唯维伟伪尾委卫
花瓣体	违唯维伟伪尾委卫
淹水体	违唯维伟伪尾委卫
粗宋体	违唯维伟伪尾委卫

稚艺体	未 位 味 畏 胃 喂 慰 温
珊瑚体	未 位 味 畏 胃 喂 慰 温
精倩体	未 位 味 畏 胃 喂 慰 温
弹簧体	未 位 味 畏 胃 喂 慰 温
石头体	未 位 味 畏 胃 喂 慰 温
霹雳体	未 位 味 畏 胃 喂 慰 温
水管体	未 位 味 畏 胃 喂 慰 温
花瓣体	未 位 味 畏 胃 喂 慰 温
淹水体	未 位 味 畏 胃 喂 慰 温
粗宋体	未 位 味 畏 胃 喂 慰 温

稚艺体	文	纹	闻	蚊	稳	问	翁 窝
珊瑚体	文	纹	闻	蚊	稳	问	翁 窝
精倩体	文	纹	闻	蚊	稳	问	翁 窝
弹簧体	文	纹	闻	蚊	稳	问	翁 窝
石头体	文	纹	闻	蚊	稳	问	翁 窝
霹雳体	文	纹	闻	蚊	稳	问	翁 窝
水管体	文	纹	闻	蚊	稳	问	翁 窝
花瓣体	文	纹	闻	蚊	稳	问	翁 窝
淹水体	文	纹	闻	蚊	稳	问	翁 窝
粗宋体	文	纹	闻	蚊	稳	问	翁 窝

稚艺体	我沃卧握乌污鸣屋
珊瑚体	我沃卧握乌污鸣屋
精倩体	我沃卧握乌污鸣屋
弹簧体	我沃卧握乌污鸣屋
石头体	我沃卧握乌污鸣屋
霹雳体	我沃卧握乌污鸣屋
水管体	我沃卧握乌污鸣屋
花瓣体	我沃卧握乌污鸣屋
淹水体	我沃卧握乌污鸣屋
粗宋体	我沃卧握乌污鸣屋

稚艺体	无	吴	五	午	伍	武	侮	舞
珊瑚体	无	吴	五	午	伍	武	侮	舞
精倩体	无	吴	五	午	伍	武	侮	舞
弹簧体	无	吴	五	午	伍	武	侮	舞
石头体	无	吴	五	午	伍	武	侮	舞
霹雳体	无	吴	五	午	伍	武	侮	舞
水管体	无	吴	五	午	伍	武	侮	舞
花瓣体	无	吴	五	午	伍	武	侮	舞
淹水体	无	吴	五	午	伍	武	侮	舞
粗宋体	无	吴	五	午	伍	武	侮	舞

稚艺体	勿	务	物	误	悟	雾	夕	西
珊瑚体	勿	务	物	误	悟	雾	夕	西
精倩体	勿	务	物	误	悟	雾	夕	西
弹簧体	勿	务	物	误	悟	雾	夕	西
石头体	勿	务	物	误	悟	雾	夕	西
霹雳体	勿	务	物	误	悟	雾	夕	西
水管体	勿	务	物	误	悟	雾	夕	西
花瓣体	勿	务	物	误	悟	雾	夕	西
淹水体	勿	务	物	误	悟	雾	夕	西
粗宋体	勿	务	物	误	悟	雾	夕	西

稚艺体	悉	惜	稀	溪	锡	熄	膝	习
珊瑚体	悉	惜	稀	溪	锡	熄	膝	习
精倩体	悉	惜	稀	溪	锡	熄	膝	习
弹簧体	悉	惜	稀	溪	锡	熄	膝	习
石头体	悉	惜	稀	溪	锡	熄	膝	习
霹雳体	悉	惜	稀	溪	锡	熄	膝	习
水管体	悉	惜	稀	溪	锡	熄	膝	习
花瓣体	悉	惜	稀	溪	锡	熄	膝	习
淹水体	悉	惜	稀	溪	锡	熄	膝	习
粗宋体	悉	惜	稀	溪	锡	熄	膝	习

稚艺体	席 袭 洗 喜 戏 系 细 隙
珊瑚体	席 袭 洗 喜 戏 系 细 隙
精倩体	席 袭 洗 喜 戏 系 细 隙
弹簧体	席 袭 洗 喜 戏 系 细 隙
石头体	席 袭 洗 喜 戏 系 细 隙
霹雳体	席 袭 洗 喜 戏 系 细 隙
水管体	席 袭 洗 喜 戏 系 细 隙
花瓣体	席 袭 洗 喜 戏 系 细 隙
淹水体	席 袭 洗 喜 戏 系 细 隙
粗宋体	席 袭 洗 喜 戏 系 细 隙

稚艺体	虾	瞎	峡	霞	下	吓	夏	厦
珊瑚体	虾	瞎	峡	霞	下	吓	夏	厦
精倩体	虾	瞎	峡	霞	下	吓	夏	厦
弹簧体	虾	瞎	峡	霞	下	吓	夏	厦
石头体	虾	瞎	峡	霞	下	吓	夏	厦
霹雳体	虾	瞎	峡	霞	下	吓	夏	厦
水管体	虾	瞎	峡	霞	下	吓	夏	厦
花瓣体	虾	瞎	峡	霞	下	吓	夏	厦
淹水体	虾	瞎	峡	霞	下	吓	夏	厦
粗宋体	虾	瞎	峡	霞	下	吓	夏	厦

稚艺体	贤	咸	线	限	相	香	箱	详
珊瑚体	贤	咸	线	限	相	香	箱	详
精倩体	贤	咸	线	限	相	香	箱	详
弹簧体	贤	咸	线	限	相	香	箱	详
石头体	贤	咸	线	限	相	香	箱	详
霹雳体	贤	咸	线	限	相	香	箱	详
水管体	贤	咸	线	限	相	香	箱	详
花瓣体	贤	咸	线	限	相	香	箱	详
淹水体	贤	咸	线	限	相	香	箱	详
粗宋体	贤	咸	线	限	相	香	箱	详

稚艺体	祥	享	响	想	向	巷	项	象
珊瑚体	祥	享	响	想	向	巷	项	象
精倩体	祥	享	响	想	向	巷	项	象
弹簧体	祥	享	响	想	向	巷	项	象
石头体	祥	享	响	想	向	巷	项	象
霹雳体	祥	享	响	想	向	巷	项	象
水管体	祥	享	响	想	向	巷	项	象
花瓣体	祥	享	响	想	向	巷	项	象
淹水体	祥	享	响	想	向	巷	项	象
粗宋体	祥	享	响	想	向	巷	项	象

稚艺体	像 橡 削 宵 消 销 小·晓
珊瑚体	像 橡 削 宵 消 销 小 晓
精倩体	像 橡 削 宵 消 销 小 晓
弹簧体	像 橡 削 宵 消 销 小 晓
石头体	像 橡 削 宵 消 销 小 晓
霹雳体	像 橡 削 宵 消 销 小 晓
水管体	像 橡 削 宵 消 销 小 晓
花瓣体	像 橡 削 宵 消 销 小 晓
淹水体	像 橡 削 宵 消 销 小 晓
粗宋体	像 橡 削 宵 消 销 小 晓

稚艺体	孝 效 校 笑 些 歇 协 邪
珊瑚体	孝 效 校 笑 些 歇 协 邪
精倩体	孝 效 校 笑 些 歇 协 邪
弹簧体	孝 效 校 笑 些 歇 协 邪
石头体	孝 效 校 笑 些 歇 协 邪
霹雳体	孝 效 校 笑 些 歇 协 邪
水管体	孝 效 校 笑 些 歇 协 邪
花瓣体	孝 效 校 笑 些 歇 协 邪
淹水体	孝 效 校 笑 些 歇 协 邪
粗宋体	孝 效 校 笑 些 歇 协 邪

稚艺体	胁 斜 携 鞋 写 泄 泻 卸
珊瑚体	胁 斜 携 鞋 写 泄 泻 卸
精倩体	胁 斜 携 鞋 写 泄 泻 卸
弹簧体	胁 斜 携 鞋 写 泄 泻 卸
石头体	胁 斜 携 鞋 写 泄 泻 卸
霹雳体	胁 斜 携 鞋 写 泄 泻 卸
水管体	胁 斜 携 鞋 写 泄 泻 卸
花瓣体	胁 斜 携 鞋 写 泄 泻 卸
淹水体	胁 斜 携 鞋 写 泄 泻 卸
粗宋体	胁 斜 携 鞋 写 泄 泻 卸

稚艺体	屑械谢心辛欣新薪	
珊瑚体	屑械谢心辛欣新薪	
精倩体	屑械谢心辛欣新薪	
弹簧体	屑械谢心辛欣新薪	
石头体	屑械谢心辛欣新薪	
霹雳体	屑械谢心辛欣新薪	
水管体	屑械谢心辛欣新薪	
花瓣体	屑械谢心辛欣新薪	
淹水体	屑械谢心辛欣新薪	
粗宋体	屑械谢心辛欣新薪	

稚艺体	信兴星腥性凶兄胸
珊瑚体	信兴星腥性凶兄胸
精倩体	信兴星腥性凶兄胸
弹簧体	信兴星腥性凶兄胸
石头体	信兴星腥性凶兄胸
霹雳体	信兴星腥性凶兄胸
水管体	信兴星腥性凶兄胸
花瓣体	信兴星腥性凶兄胸
淹水体	信兴星腥性凶兄胸
粗宋体	信兴星腥性凶兄胸

稚艺体	雄	熊	休	修	羞	朽	秀	绣
珊瑚体	雄	熊	休	修	羞	朽	秀	绣
精倩体	雄	熊	休	修	羞	朽	秀	绣
弹簧体	雄	熊	休	修	羞	朽	秀	绣
石头体	雄	熊	休	修	羞	朽	秀	绣
霹雳体	雄	熊	休	修	羞	朽	秀	绣
水管体	雄	熊	休	修	羞	朽	秀	绣
花瓣体	雄	熊	休	修	羞	朽	秀	绣
淹水体	雄	熊	休	修	羞	朽	秀	绣
粗宋体	雄	熊	休	修	羞	朽	秀	绣

稚艺体	袖锈须虚需徐许序
珊瑚体	袖锈须虚需徐许序
精倩体	袖锈须虚需徐许序
弹簧体	袖锈须虚需徐许序
石头体	袖锈须虚需徐许序
霹雳体	袖锈须虚需徐许序
水管体	袖锈须虚需徐许序
花瓣体	袖锈须虚需徐许序
淹水体	袖锈须虚需徐许序
粗宋体	袖锈须虚需徐许序

稚艺体	叙	畜	绪	续	絮	蓄	宣	雪
珊瑚体	叙	畜	绪	续	絮	蓄	宣	雪
精倩体	叙	畜	绪	续	絮	蓄	宣	雪
弹簧体	叙	畜	绪	续	絮	蓄	宣	雪
石头体	叙	畜	绪	续	絮	蓄	宣	雪
霹雳体	叙	畜	绪	续	絮	蓄	宣	雪
水管体	叙	畜	绪	续	絮	蓄	宣	雪
花瓣体	叙	畜	绪	续	絮	蓄	宣	雪
淹水体	叙	畜	绪	续	絮	蓄	宣	雪
粗宋体	叙	畜	绪	续	絮	蓄	宣	雪

稚艺体	血 寻 巡 句 询 循 训 讯
珊瑚体	血 寻 巡 句 询 循 训 讯
精倩体	血 寻 巡 句 询 循 训 讯
弹簧体	血 寻 巡 句 询 循 训 讯
石头体	血 寻 巡 句 询 循 训 讯
霹雳体	血 寻 巡 句 询 循 训 讯
水管体	血 寻 巡 句 询 循 训 讯
花瓣体	血 寻 巡 句 询 循 训 讯
淹水体	血 寻 巡 句 询 循 训 讯
粗宋体	血 寻 巡 句 询 循 训 讯

稚艺体	迅压呀押鸦鸭牙芽
珊瑚体	迅压呀押鸦鸭牙芽
精倩体	迅压呀押鸦鸭牙芽
弹簧体	迅压呀押鸦鸭牙芽
石头体	迅压呀押鸦鸭牙芽
霹雳体	迅压呀押鸦鸭牙芽
水管体	迅压呀押鸦鸭牙芽
花瓣体	迅压呀押鸦鸭牙芽
淹水体	迅压呀押鸦鸭牙芽
粗宋体	迅压呀押鸦鸭牙芽

稚艺体	崖	哑	雅	亚	咽	烟	淹	延
珊瑚体	崖	哑	雅	亚	咽	烟	淹	延
精倩体	崖	哑	雅	亚	咽	烟	淹	延
弹簧体	崖	哑	雅	亚	咽	烟	淹	延
石头体	崖	哑	雅	亚	咽	烟	淹	延
霹雳体	崖	哑	雅	亚	咽	烟	淹	延
水管体	崖	哑	雅	亚	咽	烟	淹	延
花瓣体	崖	哑	雅	亚	咽	烟	淹	延
淹水体	崖	哑	雅	亚	咽	烟	淹	延
粗宋体	崖	哑	雅	亚	咽	烟	淹	延

稚艺体	严	言	岩	沿	炎	研	盐	颜
珊瑚体	严	言	岩	沿	炎	研	盐	颜
精倩体	严	言	岩	沿	炎	研	盐	颜
弹簧体	严	言	岩	沿	炎	研	盐	颜
石头体	严	言	岩	沿	炎	研	盐	颜
霹雳体	严	言	岩	沿	炎	研	盐	颜
水管体	严	言	岩	沿	炎	研	盐	颜
花瓣体	严	言	岩	沿	炎	研	盐	颜
淹水体	严	言	岩	沿	炎	研	盐	颜
粗宋体	严	言	岩	沿	炎	研	盐	颜

稚艺体	掩眼演厌宴艳验焰
珊瑚体	掩眼演厌宴艳验焰
精倩体	掩眼演厌宴艳验焰
弹簧体	掩眼演厌宴艳验焰
石头体	掩眼演厌宴艳验焰
霹雳体	掩眼演厌宴艳验焰
水管体	掩眼演厌宴艳验焰
花瓣体	掩眼演厌宴艳验焰
淹水体	掩眼演厌宴艳验焰
粗宋体	掩眼演厌宴艳验焰

稚艺体	雁	燕	央	殃	秧	扬	羊	阳
珊瑚体	雁	燕	央	殃	秧	扬	羊	阳
精倩体	雁	燕	央	殃	秧	扬	羊	阳
弹簧体	雁	燕	央	殃	秧	扬	羊	阳
石头体	雁	燕	央	殃	秧	扬	羊	阳
霹雳体	雁	燕	央	殃	秧	扬	羊	阳
水管体	雁	燕	央	殃	秧	扬	羊	阳
花瓣体	雁	燕	央	殃	秧	扬	羊	阳
淹水体	雁	燕	央	殃	秧	扬	羊	阳
粗宋体	雁	燕	央	殃	秧	扬	羊	阳

稚艺体	杨洋仰养氧样妖腰
珊瑚体	杨洋仰养氧样妖腰
精倩体	杨洋仰养氧样妖腰
弹簧体	杨洋仰养氧样妖腰
石头体	杨洋仰养氧样妖腰
霹雳体	杨洋仰养氧样妖腰
水管体	杨洋仰养氧样妖腰
花瓣体	杨洋仰养氧样妖腰
淹水体	杨洋仰养氧样妖腰
粗宋体	杨洋仰养氧样妖腰

稚艺体	邀	窑	谣	摇	遥	咬	叶	页
珊瑚体	邀	窑	谣	摇	遥	咬	叶	页
精倩体	邀	窑	谣	摇	遥	咬	叶	页
弹簧体	邀	窑	谣	摇	遥	咬	叶	页
石头体	邀	窑	谣	摇	遥	咬	叶	页
霹雳体	邀	窑	谣	摇	遥	咬	叶	页
水管体	邀	窑	谣	摇	遥	咬	叶	页
花瓣体	邀	窑	谣	摇	遥	咬	叶	页
淹水体	邀	窑	谣	摇	遥	咬	叶	页
粗宋体	邀	窑	谣	摇	遥	咬	叶	页

稚艺体	夜液一衣医依仪宜
珊瑚体	夜液一衣医依仪宜
精倩体	夜液一衣医依仪宜
弹簧体	夜液一衣医依仪宜
石头体	夜液一衣医依仪宜
霹雳体	夜液一衣医依仪宜
水管体	夜液一衣医依仪宜
花瓣体	夜液一衣医依仪宜
淹水体	夜液一衣医依仪宜
粗宋体	夜液一衣医依仪宜

稚艺体	姨 移 遗 疑 乙 己 以 蚁
珊瑚体	姨 移 遗 疑 乙 己 以 蚁
精倩体	姨 移 遗 疑 乙 己 以 蚁
弹簧体	姨 移 遗 疑 乙 己 以 蚁
石头体	姨 移 遗 疑 乙 己 以 蚁
霹雳体	姨 移 遗 疑 乙 己 以 蚁
水管体	姨 移 遗 疑 乙 己 以 蚁
花瓣体	姨 移 遗 疑 乙 己 以 蚁
淹水体	姨 移 遗 疑 乙 己 以 蚁
粗宋体	姨 移 遗 疑 乙 己 以 蚁

稚艺体	议	亦	异	役	译	易	疫	益
珊瑚体	议	亦	异	役	译	易	疫	益
精倩体	议	亦	异	役	译	易	疫	益
弹簧体	议	亦	异	役	译	易	疫	益
石头体	议	亦	异	役	译	易	疫	益
霹雳体	议	亦	异	役	译	易	疫	益
水管体	议	亦	异	役	译	易	疫	益
花瓣体	议	亦	异	役	译	易	疫	益
淹水体	议	亦	异	役	译	易	疫	益
粗宋体	议	亦	异	役	译	易	疫	益

稚艺体	谊意毅翼因阴姻音
珊瑚体	谊意毅翼因阴姻音
精倩体	谊意毅翼因阴姻音
弹簧体	谊意毅翼因阴姻音
石头体	谊意毅翼因阴姻音
霹雳体	谊意毅翼因阴姻音
水管体	谊意毅翼因阴姻音
花瓣体	谊意毅翼因阴姻音
淹水体	谊意毅翼因阴姻音
粗宋体	谊意毅翼因阴姻音

稚艺体	银 引 饮 隐 印 应 英 樱
珊瑚体	银 引 饮 隐 印 应 英 樱
精倩体	银 引 饮 隐 印 应 英 樱
弹簧体	银 引 饮 隐 印 应 英 樱
石头体	银 引 饮 隐 印 应 英 樱
霹雳体	银 引 饮 隐 印 应 英 樱
水管体	银 引 饮 隐 印 应 英 樱
花瓣体	银 引 饮 隐 印 应 英 樱
淹水体	银 引 饮 隐 印 应 英 樱
粗宋体	银 引 饮 隐 印 应 英 樱

稚艺体	鹰 迎 盈 营 蝇 赢 影 映
珊瑚体	鹰 迎 盈 营 蝇 赢 影 映
精倩体	鹰 迎 盈 营 蝇 赢 影 映
弹簧体	鹰 迎 盈 营 蝇 赢 影 映
石头体	鹰 迎 盈 营 蝇 赢 影 映
霹雳体	鹰 迎 盈 营 蝇 赢 影 映
水管体	鹰 迎 盈 营 蝇 赢 影 映
花瓣体	鹰 迎 盈 营 蝇 赢 影 映
淹水体	鹰 迎 盈 营 蝇 赢 影 映
粗宋体	鹰 迎 盈 营 蝇 赢 影 映

稚艺体	硬	佣	拥	庸	永	涌	用	优
珊瑚体	硬	佣	拥	庸	永	涌	用	优
精倩体	硬	佣	拥	庸	永	涌	用	优
弹簧体	硬	佣	拥	庸	永	涌	用	优
石头体	硬	佣	拥	庸	永	涌	用	优
霹雳体	硬	佣	拥	庸	永	涌	用	优
水管体	硬	佣	拥	庸	永	涌	用	优
花瓣体	硬	佣	拥	庸	永	涌	用	优
淹水体	硬	佣	拥	庸	永	涌	用	优
粗宋体	硬	佣	拥	庸	永	涌	用	优

稚艺体	忧	悠	尤	由	犹	邮	油	游
珊瑚体	忧	悠	尤	由	犹	邮	油	游
精倩体	忧	悠	尤	由	犹	邮	油	游
弹簧体	忧	悠	尤	由	犹	邮	油	游
石头体	忧	悠	尤	由	犹	邮	油	游
霹雳体	忧	悠	尤	由	犹	邮	油	游
水管体	忧	悠	尤	由	犹	邮	油	游
花瓣体	忧	悠	尤	由	犹	邮	油	游
淹水体	忧	悠	尤	由	犹	邮	油	游
粗宋体	忧	悠	尤	由	犹	邮	油	游

稚艺体	友	有	又	右	幼	诱	于	予
珊瑚体	友	有	又	右	幼	诱	于	予
精倩体	友	有	又	右	幼	诱	于	予
弹簧体	友	有	又	右	幼	诱	于	予
石头体	友	有	又	右	幼	诱	于	予
霹雳体	友	有	又	右	幼	诱	于	予
水管体	友	有	又	右	幼	诱	于	予
花瓣体	友	有	又	右	幼	诱	于	予
淹水体	友	有	又	右	幼	诱	于	予
粗宋体	友	有	又	右	幼	诱	于	予

稚艺体	余鱼娱渔愉愚榆与
珊瑚体	余鱼娱渔愉愚榆与
精倩体	余鱼娱渔愉愚榆与
弹簧体	余鱼娱渔愉愚榆与
石头体	余鱼娱渔愉愚榆与
霹雳体	余鱼娱渔愉愚榆与
水管体	余鱼娱渔愉愚榆与
花瓣体	余鱼娱渔愉愚榆与
淹水体	余鱼娱渔愉愚榆与
粗宋体	余鱼娱渔愉愚榆与

稚艺体	宇 屿 羽 雨 语 玉 育 狱
珊瑚体	宇 屿 羽 雨 语 玉 育 狱
精倩体	宇 屿 羽 雨 语 玉 育 狱
弹簧体	宇 屿 羽 雨 语 玉 育 狱
石头体	宇 屿 羽 雨 语 玉 育 狱
霹雳体	宇 屿 羽 雨 语 玉 育 狱
水管体	宇 屿 羽 雨 语 玉 育 狱
花瓣体	宇 屿 羽 雨 语 玉 育 狱
淹水体	宇 屿 羽 雨 语 玉 育 狱
粗宋体	宇 屿 羽 雨 语 玉 育 狱

稚艺体	浴	预	域	欲	御	裕	遇	愈
珊瑚体	浴	预	域	欲	御	裕	遇	愈
精倩体	浴	预	域	欲	御	裕	遇	愈
弹簧体	浴	预	域	欲	御	裕	遇	愈
石头体	浴	预	域	欲	御	裕	遇	愈
霹雳体	浴	预	域	欲	御	裕	遇	愈
水管体	浴	预	域	欲	御	裕	遇	愈
花瓣体	浴	预	域	欲	御	裕	遇	愈
淹水体	浴	预	域	欲	御	裕	遇	愈
粗宋体	浴	预	域	欲	御	裕	遇	愈

稚艺体	誉	冤	元	员	园	原	圆	援
珊瑚体	誉	冤	元	员	园	原	圆	援
精倩体	誉	冤	元	员	园	原	圆	援
弹簧体	誉	冤	元	员	园	原	圆	援
石头体	誉	冤	元	员	园	原	圆	援
霹雳体	誉	冤	元	员	园	原	圆	援
水管体	誉	冤	元	员	园	原	圆	援
花瓣体	誉	冤	元	员	园	原	圆	援
淹水体	誉	冤	元	员	园	原	圆	援
粗宋体	誉	冤	元	员	园	原	圆	援

稚艺体	愿约月云匀允孕运
珊瑚体	愿约月云匀允孕运
精倩体	愿约月云匀允孕运
弹簧体	愿约月云匀允孕运
石头体	愿约月云匀允孕运
霹雳体	愿约月云匀允孕运
水管体	愿约月云匀允孕运
花瓣体	愿约月云匀允孕运
淹水体	愿约月云匀允孕运
粗宋体	愿约月云匀允孕运

稚艺体	晕	韵	杂	灾	栽	宰	咱	赞
珊瑚体	晕	韵	杂	灾	栽	宰	咱	赞
精倩体	晕	韵	杂	灾	栽	宰	咱	赞
弹簧体	晕	韵	杂	灾	栽	宰	咱	赞
石头体	晕	韵	杂	灾	栽	宰	咱	赞
霹雳体	晕	韵	杂	灾	栽	宰	咱	赞
水管体	晕	韵	杂	灾	栽	宰	咱	赞
花瓣体	晕	韵	杂	灾	栽	宰	咱	赞
淹水体	晕	韵	杂	灾	栽	宰	咱	赞
粗宋体	晕	韵	杂	灾	栽	宰	咱	赞

稚艺体	脏	葬	遭	糟	早	枣	澡	燥
珊瑚体	脏	葬	遭	糟	早	枣	澡	燥
精倩体	脏	葬	遭	糟	早	枣	澡	燥
弹簧体	脏	葬	遭	糟	早	枣	澡	燥
石头体	脏	葬	遭	糟	早	枣	澡	燥
霹雳体	脏	葬	遭	糟	早	枣	澡	燥
水管体	脏	葬	遭	糟	早	枣	澡	燥
花瓣体	脏	葬	遭	糟	早	枣	澡	燥
淹水体	脏	葬	遭	糟	早	枣	澡	燥
粗宋体	脏	葬	遭	糟	早	枣	澡	燥

稚艺体	灶 责 轧 闸 眨 炸 榨 摘
珊瑚体	灶 责 轧 闸 眨 炸 榨 摘
精倩体	灶 责 轧 闸 眨 炸 榨 摘
弹簧体	灶 责 轧 闸 眨 炸 榨 摘
石头体	灶 责 轧 闸 眨 炸 榨 摘
霹雳体	灶 责 轧 闸 眨 炸 榨 摘
水管体	灶 责 轧 闸 眨 炸 榨 摘
花瓣体	灶 责 轧 闸 眨 炸 榨 摘
淹水体	灶 责 轧 闸 眨 炸 榨 摘
粗宋体	灶 责 轧 闸 眨 炸 榨 摘

稚艺体	宅	窄	债	寨	沾	斩	展	占	
珊瑚体	宅	窄	债	寨	沾	斩	展	占	
精倩体	宅	窄	债	寨	沾	斩	展	占	
弹簧体	宅	窄	债	寨	沾	斩	展	占	
石头体	宅	窄	债	寨	沾	斩	展	占	
霹雳体	宅	窄	债	寨	沾	斩	展	占	
水管体	宅	窄	债	寨	沾	斩	展	占	
花瓣体	宅	窄	债	寨	沾	斩	展	占	
淹水体	宅	窄	债	寨	沾	斩	展	占	
粗宋体	宅	窄	债	寨	沾	斩	展	占	

稚艺体	战 站 张 章 涨 掌 丈 仗
珊瑚体	战 站 张 章 涨 掌 丈 仗
精倩体	战 站 张 章 涨 掌 丈 仗
弹簧体	战 站 张 章 涨 掌 丈 仗
石头体	战 站 张 章 涨 掌 丈 仗
霹雳体	战 站 张 章 涨 掌 丈 仗
水管体	战 站 张 章 涨 掌 丈 仗
花瓣体	战 站 张 章 涨 掌 丈 伏
淹水体	战 站 张 章 涨 掌 丈 仗
粗宋体	战 站 张 章 涨 掌 丈 仗

稚艺体	胀	账	障	招	找	召	兆	赵
珊瑚体	胀	账	障	招	找	召	兆	赵
精倩体	胀	账	障	招	找	召	兆	赵
弹簧体	胀	账	障	招	找	召	兆	赵
石头体	胀	账	障	招	找	召	兆	赵
霹雳体	胀	账	障	招	找	召	兆	赵
水管体	胀	账	障	招	找	召	兆	赵
花瓣体	胀	账	障	招	找	召	兆	赵
淹水体	胀	账	障	招	找	召	兆	赵
粗宋体	胀	账	障	招	找	召	兆	赵

稚艺体	照罩遮折浙贞针侦
珊瑚体	照罩遮折浙贞针侦
精倩体	照罩遮折浙贞针侦
弹簧体	照罩遮折浙贞针侦
石头体	照罩遮折浙贞针侦
霹雳体	照罩遮折浙贞针侦
水管体	照罩遮折浙贞针侦
花瓣体	照罩遮折浙贞针侦
淹水体	照罩遮折浙贞针侦
粗宋体	照罩遮折浙贞针侦

稚艺体	珍真诊枕阵振镇震
珊瑚体	珍真诊枕阵振镇震
精倩体	珍真诊枕阵振镇震
弹簧体	珍真诊枕阵振镇震
石头体	珍真诊枕阵振镇震
霹雳体	珍真诊枕阵振镇震
水管体	珍真诊枕阵振镇震
花瓣体	珍真诊枕阵振镇震
淹水体	珍真诊枕阵振镇震
粗宋体	珍真诊枕阵振镇震

稚艺体	争	征	挣	睁	筝	蒸	整	正
珊瑚体	争	征	挣	睁	筝	蒸	整	正
精倩体	争	征	挣	睁	筝	蒸	整	正
弹簧体	争	征	挣	睁	筝	蒸	整	正
石头体	争	征	挣	睁	筝	蒸	整	正
霹雳体	争	征	挣	睁	筝	蒸	整	正
水管体	争	征	挣	睁	筝	蒸	整	正
花瓣体	争	征	挣	睁	筝	蒸	整	正
淹水体	争	征	挣	睁	筝	蒸	整	正
粗宋体	争	征	挣	睁	筝	蒸	整	正

稚艺体	证 郑 政 症 之 支 汁 芝
珊瑚体	证 郑 政 症 之 支 汁 芝
精倩体	证 郑 政 症 之 支 汁 芝
弹簧体	证 郑 政 症 乙 支 汁 芝
石头体	证 郑 政 症 乙 支 汁 芝
霹雳体	证 郑 政 症 之 支 汁 芝
水管体	证 郑 政 症 乙 支 汁 芝
花瓣体	证 郑 政 症 之 支 汁 芝
淹水体	证 郑 政 症 乙 支 汁 芝
粗宋体	证 郑 政 症 之 支 汁 芝

稚艺体	枝知织肢脂蜘执直
珊瑚体	枝知织肢脂蜘执直
精倩体	枝知织肢脂蜘执直
弹簧体	枝知织肢脂蜘执直
石头体	枝知织肢脂蜘执直
霹雳体	枝知织肢脂蜘执直
水管体	枝知织肢脂蜘执直
花瓣体	枝知织肢脂蜘执直
淹水体	枝知织肢脂蜘执直
粗宋体	枝知织肢脂蜘执直

稚艺体	值职植殖止只旨址
珊瑚体	值职植殖止只旨址
精倩体	值职植殖止只旨址
弹簧体	值职植殖止只旨址
石头体	值职植殖止只旨址
霹雳体	值职植殖止只旨址
水管体	值职植殖止只旨址
花瓣体	值职植殖止只旨址
淹水体	值职植殖止只旨址
粗宋体	值职植殖止只旨址

稚艺体	纸指至志制帜治质
珊瑚体	纸指至志制帜治质
精倩体	纸指至志制帜治质
弹簧体	纸指至志制帜治质
石头体	纸指至志制帜治质
霹雳体	纸指至志制帜治质
水管体	纸指至志制帜治质
花瓣体	纸指至志制帜治质
淹水体	纸指至志制帜治质
粗宋体	纸指至志制帜治质

稚艺体	秩	致	智	置	中	忠	终	钟
珊瑚体	秩	致	智	置	中	忠	终	钟
精倩体	秩	致	智	置	中	忠	终	钟
弹簧体	秩	致	智	置	中	忠	终	钟
石头体	秩	致	智	置	中	忠	终	钟
霹雳体	秩	致	智	置	中	忠	终	钟
水管体	秩	致	智	置	中	忠	终	钟
花瓣体	秩	致	智	置	中	忠	终	钟
淹水体	秩	致	智	置	中	忠	终	钟
粗宋体	秩	致	智	置	中	忠	终	钟

稚艺体	肿	种	众	重	州	舟	周	皱
珊瑚体	肿	种	众	重	州	舟	周	皱
精倩体	肿	种	众	重	州	舟	周	皱
弹簧体	肿	种	众	重	州	舟	周	皱
石头体	肿	种	众	重	州	舟	周	皱
霹雳体	肿	种	众	重	州	舟	周	皱
水管体	肿	种	众	重	州	舟	周	皱
花瓣体	肿	种	众	重	州	舟	周	皱
淹水体	肿	种	众	重	州	舟	周	皱
粗宋体	肿	种	众	重	州	舟	周	皱

稚艺体	骤	朱	株	珠	诸	猪	蛛	竹
珊瑚体	骤	朱	株	珠	诸	猪	蛛	竹
精倩体	骤	朱	株	珠	诸	猪	蛛	竹
弹簧体	骤	朱	株	珠	诸	猪	蛛	竹
石头体	骤	朱	株	珠	诸	猪	蛛	竹
霹雳体	骤	朱	株	珠	诸	猪	蛛	竹
水管体	骤	朱	株	珠	诸	猪	蛛	竹
花瓣体	骤	朱	株	珠	诸	猪	蛛	竹
淹水体	骤	朱	株	珠	诸	猪	蛛	竹
粗宋体	骤	朱	株	珠	诸	猪	蛛	竹

稚艺体	烛	逐	主	属	煮	嘱	住	助
珊瑚体	烛	逐	主	属	煮	嘱	住	助
精倩体	烛	逐	主	属	煮	嘱	住	助
弹簧体	烛	逐	主	属	煮	嘱	住	助
石头体	烛	逐	主	属	煮	嘱	住	助
霹雳体	烛	逐	主	属	煮	嘱	住	助
水管体	烛	逐	主	属	煮	嘱	住	助
花瓣体	烛	逐	主	属	煮	嘱	住	助
淹水体	烛	逐	主	属	煮	嘱	住	助
粗宋体	烛	逐	主	属	煮	嘱	住	助

稚艺体	注驻柱祝著筑铸抓
珊瑚体	注驻柱祝著筑铸抓
精倩体	注驻柱祝著筑铸抓
弹簧体	注驻柱祝著筑铸抓
石头体	注驻柱祝著筑铸抓
霹雳体	注驻柱祝著筑铸抓
水管体	注驻柱祝著筑铸抓
花瓣体	注驻柱祝著筑铸抓
淹水体	注驻柱祝著筑铸抓
粗宋体	注驻柱祝著筑铸抓

稚艺体	爪 专 砖 转 赚 庄 装 壮
珊瑚体	爪 专 砖 转 赚 庄 装 壮
精倩体	爪 专 砖 转 赚 庄 装 壮
弹簧体	爪 专 砖 转 赚 庄 装 壮
石头体	爪 专 砖 转 赚 庄 装 壮
霹雳体	爪 专 砖 转 赚 庄 装 壮
水管体	爪 专 砖 转 赚 庄 装 壮
花瓣体	爪 专 砖 转 赚 庄 装 壮
淹水体	爪 专 砖 转 赚 庄 装 壮
粗宋体	爪 专 砖 转 赚 庄 装 壮

稚艺体	状撞追准捉桌浊啄
珊瑚体	状撞追准捉桌浊啄
精倩体	状撞追准捉桌浊啄
弹簧体	状撞追准捉桌浊啄
石头体	状撞追准捉桌浊啄
霹雳体	状撞追准捉桌浊啄
水管体	状撞追准捉桌浊啄
花瓣体	状撞追准捉桌浊啄
淹水体	状撞追准捉桌浊啄
粗宋体	状撞追准捉桌浊啄

稚艺体	着	仔	姿	资	滋	子	紫	字
珊瑚体	着	仔	姿	资	滋	子	紫	字
精倩体	着	仔	姿	资	滋	子	紫	字
弹簧体	着	仔	姿	资	滋	子	紫	字
石头体	着	仔	姿	资	滋	子	紫	字
霹雳体	着	仔	姿	资	滋	子	紫	字
水管体	着	仔	姿	资	滋	子	紫	字
花瓣体	着	仔	姿	资	滋	子	紫	字
淹水体	着	仔	姿	资	滋	子	紫	字
粗宋体	着	仔	姿	资	滋	子	紫	字

稚艺体	自宗棕踪总纵走奏
珊瑚体	自宗棕踪总纵走奏
精倩体	自宗棕踪总纵走奏
弹簧体	自宗棕踪总纵走奏
石头体	自宗棕踪总纵走奏
霹雳体	自宗棕踪总纵走奏
水管体	自宗棕踪总纵走奏
花瓣体	自宗棕踪总纵走奏
淹水体	自宗棕踪总纵走奏
粗宋体	自宗棕踪总纵走奏

稚艺体	租足族阻组祖钻嘴
珊瑚体	租足族阻组祖钻嘴
精倩体	租足族阻组祖钻嘴
弹簧体	租足族阻组祖钻嘴
石头体	租足族阻组祖钻嘴
霹雳体	租足族阻组祖钻嘴
水管体	租足族阻组祖钻嘴
花瓣体	租足族阻组祖钻嘴
淹水体	租足族阻组祖钻嘴
粗宋体	租足族阻组祖钻嘴